中国新农科水产联盟"十四五"规划教材

教育部首批新农科研究与改革实践项目资助系列教材

水产类专业实践课系列教材

中国海洋大学教材建设基金资助

现代动物生理学实验技术

第2版

周慧慧　温海深　主编

中国海洋大学出版社

·青岛·

图书在版编目（CIP）数据

现代动物生理学实验技术 / 周慧慧，温海深主编 . —2
版 . —青岛：中国海洋大学出版社，2022.6
水产类专业实践课系列教材 / 温海深主编
ISBN 978-7-5670-3009-1

Ⅰ. ①现… Ⅱ. ①周… ②温… Ⅲ. ①动物学－生理
学－实验－教材 Ⅳ. ①Q4-33

中国版本图书馆CIP数据核字（2021）第 233904 号

出版发行	中国海洋大学出版社
社　　址	青岛市香港东路 23 号　　邮政编码　266071
网　　址	http://pub.ouc.edu.cn
出 版 人	杨立敏
责任编辑	董　超
电　　话	0532-85902342
电子信箱	465407097@qq.com
印　　制	青岛国彩印刷股份有限公司
版　　次	2022 年 6 月第 2 版
印　　次	2022 年 6 月第 1 次印刷
成品尺寸	170 mm × 230 mm
印　　张	12.25
字　　数	168 千
印　　数	1—1 600
定　　价	49.00 元
订购电话	0532-82032573（传真）

总前言

2007—2012 年，按照教育部"高等学校本科教学质量与教学改革工程"的要求，结合水产科学国家级实验教学示范中心建设的具体工作，中国海洋大学水产学院主编出版了水产科学实验教材 6 部，包括《水产动物组织胚胎学实验》《现代动物生理学实验技术》《贝类增养殖学实验与实习技术》《浮游生物学与生物饵料培养实验》《鱼类学实验》《水产生物遗传育种学实验》。这些教材在我校本科教学中发挥了重要作用，部分教材作为实验教学指导书被其他高校选用。

这么多年过去了。如今这些实验教材内容已经不能满足教学改革需求。另外，实验仪器的快速更新客观上也要求必须对上述教材进行大范围修订。根据中国海洋大学水产学院水产养殖、海洋渔业科学与技术、海洋资源与环境 3 个本科专业建设要求，结合教育部《新农科研究与改革实践项目指南》内容，我们对原有实验教材进行优化，并新编实验教材，形成了"水产类专业实践课系列教材"。这一系列教材集合了现代生物技术、虚拟仿真技术、融媒体技术等先进技术，以适应时代和科技发展的新形势，满足现代水产类专业人才培养的需求。2019 年，8 部实践教材被列入中国海洋大学重点教材建设项目，并于 2021 年 5 月验收结题。这些实践教材，不仅满足我校相关专业教学需要，也可供其他涉海高校或农业类高校相关专业使用。

本次出版的 10 部实践教材均属中国新农科水产联盟"十四五"规划教材。教材名称与主编如下：

《现代动物生理学实验技术》（第 2 版）：周慧慧、温海深主编；

《鱼类学实验》（第 2 版）：张弛、于瑞海、马琳主编；

《水产动物遗传育种学实验》：郑小东、孔令锋、徐成勋主编；

《水生生物学与生物饵料培养实验》：梁英、薛莹、马洪钢主编；

《植物学与植物生理学实验》：刘岩、王巧晗主编；

《水环境化学实验教程》：张美昭、张凯强主编；

《海洋生物资源与环境调查实习》：纪毓鹏、任一平主编；

《养殖水环境工程学实验》：董登攀、宋协法主编；

《增殖工程与海洋牧场实验》：盛化香、唐衍力主编；

《海洋渔业技术实验与实习》：盛化香、黄六一主编。

编委会

前言

　　动物生理学是一门实验性科学，生理学实验是动物生理学理论发展的源泉。生理学实验依赖于实验设备的先进性，因此现代生理学实验不仅要求学生掌握基本的实验原理和操作技术，还要求学生熟练掌握电子学和计算机技术。

　　目前生理学实验仪器的更新换代步伐加快，原来生理学实验中电动记纹鼓、二道生理记录仪、脉冲刺激器等主要仪器已经退出历史舞台。取而代之的是先进的、现代化的多功能生理实验系统，数字生理学概念由此产生。目前，在国内外使用较多的有 MedLab 生物信号采集处理系统、RM6240 多道生理信号采集处理系统等。其中 RM6240 多道生理信号采集处理系统比较适合非医学专业使用，其实验项目的设计范围基本能满足水产养殖学、生物学等专业的教学要求。而且该仪器硬件和软件已经升级为 RM6240E 多道生理信号采集处理系统，操作较方便。《现代动物生理学实验技术》（第 2 版）根据这个实验系统的实验项目进行组织和编写的实验内容覆盖教材内容的 50% 左右。

　　本教材内容包含动物生理学实验总论、基本型实验、综合型实验、研究创新型实验四部分，第 2 版教材加强了第一部分内容的强化训练，特别是关于实验课安全、实验室规则、电生理仪器设备的规范化使用等教学内容；第二和第三部分共包括 40 个实验项目，较第 1 版增加 24 个实验，是本课程的核心内容，各个学校可以按照不同专业需要进行选择；第四部分涵盖选做实验项目（研究创新型实验）若干，侧重以水产动物为实验材料，让学生在教师指导下选题，通过自主设计实验、独立进行操作，强化创新意识与科学素质养成，培养独立思考问题、分析问题和解决问题的能力。本教材还将部分实验步骤拍成视频，可供读者更直观地了解实验操作。本教材适用于水产养殖学、生物资源与环境、渔业科学与技术专业，也供生物科学等专业参考。

由于作者的水平有限，书中难免存在一些不足之处，恳请读者及时指出，以便完善。

周慧慧　温海深

2021 年 8 月于中国海洋大学

目录

CONTENTS

第三部分　综合型实验

第四部分　研究创新型实验

第五部分　附录　动物生理学参数

动物生理学实验总论

动物生理学实验的目的和要求

一、实验目的

（1）通过实验使学生逐步掌握动物生理学实验的基本操作技术（包括常规仪器和设备的使用），培养学生的独立操作能力；了解动物生理学实验设计的基本原则，获得动物生理学知识的方法，验证动物生理学某些基本理论，巩固对理论的掌握。

（2）通过实验使学生逐步提高对实验中各种生理现象的观察能力、分析能力和解决问题的能力。

（3）在实验过程中，培养学生实事求是的科学态度和严谨的作风。

二、实验要求

（1）在实验前，学生必须认真预习，了解实验目的和要求、基本原理和简要操作步骤；应复习有关理论课程内容，以便提高实验过程的主动性和工作效率，进一步巩固有关理论知识。

（2）在实验过程中，学生应认真、仔细地进行操作，观察实验中出现的各种现象，如实地加以记录，并对其原因和意义进行分析；实验器材要摆放整齐，布局合理，便于操作；要保持室内卫生，随时清除污物；实验桌上不得摆放与实验无关的物品；爱护仪器和实验动物，注意节约使用各种实验材料；公用物品在使用后放回原处，以免影响他人使用；保持室内安静，不得嬉笑和高声谈话，以免影响他人实验；遵守实验室规则，注意实验小组的团结、配合和分工协作。

（3）实验结束时，学生应将实验用具整理妥当，放回原处。所用手术器械必须擦洗干净；实验用具若有损坏和缺少，应立即报告实验指导教师；做好实验室清洁卫生工作；妥善处理实验动物，如果实验动物在实验结束时未死亡，应在实验指导教师的指导下处死，放于指定地点；整理实验记录，认真书写，及时提交实验报告。

动物生理学实验课安全须知

一、水电事故应急处理方案

（1）溢水事故应急处理方案：立即关闭水阀，切断溢水区域电源，组织人员清扫地面积水，移动浸泡物资，尽量减少损失。

（2）触电事故应急处理方案：立即切断电源或拔下电源插头。若来不及切断电源，可用绝缘物挑开电线。在未切断电源之前，切不可用手去拉触电者，也不可用金属或潮湿的东西挑电线。触电者脱离电源后，使其就地仰面躺平，禁止摇动其头部，检查触电者的呼吸和心跳情况，呼吸停止或心脏停搏时应立即施行人工呼吸或心脏按压，并尽快联系医疗部门救治。

二、火灾爆炸事故应急处理方案

（1）确定事故发生的位置，明确事故周围环境，判断是否有重大危险源分布及是否会带来次生灾难发生。

（2）依据可能发生的事故危害程度，划定危险区域，对事故现场周边区域进行隔离和人员疏导。

（3）如需要进行人员、物资撤离，要按照"先人员、后物资，先重点、后一般"的原则抢救被困人员及贵重物资。

（4）根据引发火情的不同原因，明确救灾的基本方法，采取相应措施，并采用适当的消防器材进行扑救。

木材、布料、纸张、橡胶以及塑料等固体可燃材料引发的火灾，可采用水冷却法，但对珍贵图书、档案应使用二氧化碳、卤代烷、干粉灭火剂灭火。

易燃可燃液体、易燃气体和油脂类等化学药品引发的火灾，使用大剂量泡沫灭火剂、干粉灭火剂扑救。

设备火灾，应切断电源再灭火；因现场情况及其他原因，不能断电，需要带电灭火时，应使用干沙或干粉灭火器，不能使用泡沫灭火器或水。

可燃金属如镁、钠、钾及合金引发火灾，应用特殊的灭火剂，如干沙或干粉灭火剂来扑救。

（5）视火情拨打"119"报警求救，并到明显位置引导消防车。心脏停搏时应立即施行人工呼吸或心脏按压并尽快联系医疗部门救治。

三、化学性污染事故应急处理方案

（1）发生危险化学物质灼伤皮肤事故时，应用大量流动清水冲洗，再用低浓度（2% ~ 5%）的弱碱（强酸引起的灼伤）或弱酸（强碱引起的灼伤）进行中和。如果大量危险气体、烟、雾或蒸汽被释放，应该待在通风处或尽可能远离空气中有危险化学物质的地方。视情况的轻重将伤者送入医院就医。

（2）若危险化学物质溅入眼内时，立即使用专用洗眼水龙头的水彻底冲洗眼睛。冲洗时，眼睛置于水龙头上方，水向上对眼睛进行冲洗，时间应不少于 15 min，切不可因疼痛而紧闭眼睛，处理后，再送医院治疗。

（3）发生人员中毒事故，视中毒原因进行以下急救后，立即送医院治疗。

① 对吸入性中毒者，迅速将中毒者搬离中毒场所至空气新鲜处；立即松解中毒者衣领和腰带，以维持呼吸道畅通，并注意保暖；严密观察中毒者的身体状况，尤其是神志、呼吸和循环系统功能。

② 对皮肤中毒者，应将中毒者立即移离中毒场所，脱去污染衣服，迅速用清水洗净皮肤，黏稠的毒物则要用大量肥皂水冲洗；遇水能发生反应的腐蚀性毒物如三氯化磷，则先用干布或棉花抹去后再用水冲洗。

③ 对误食中毒者，须立即引吐、洗胃及导泻；视情况可用 0.02% ~ 0.05%（质量分数）的高锰酸钾溶液或浓食盐水等催吐；中毒者大量饮用温开水、稀

盐水或牛奶，以减少毒素的吸收。

（4）发生危险化学品泄漏，现场人员应立即向实验室负责人汇报，简要报告事故地点、类别和状况；及时组织现场人员迅速撤离，同时设置警戒区，对泄漏区域进行隔离，严格控制人员进入；控制危险化学品泄漏的扩散，在事故发生区域内严禁火种，严禁开关电闸和使用手机等；进入事故现场抢险救灾人员需佩戴必要的防护用品，视化学品的性质、泄漏量大小及现场情况，分别采取相应的处理手段，如有伤者，需及时送医院救治。

四、机械伤害事故应急处理方案

（1）立即关闭机械设备，停止现场作业活动。

（2）如遇到人员被机械等设备及墙壁等设施卡住的情况，可直接拨打"119"，由消防队来实施解救行动。

（3）将伤员放置于平坦的地方，实施现场紧急救护。对于轻伤员，应送医务室治疗处理后再送医院检查；对于重伤员，应立即拨打"120"急救电话送医院抢救。若出现断肢、断指等，应立即用冰块等封存，与伤者一起送至医院。

（4）查看周边其他设施，防止因机械破坏造成漏电、高空跌落、爆炸现象，防止事故进一步蔓延。

五、病原微生物感染应急处理方案

（1）如果病原微生物泼溅在实验人员皮肤上，应立即用75%（体积分数）的酒精或碘附进行消毒，然后用清水冲洗。

（2）如果病原微生物泼溅在实验人员眼内，应立即用生理盐水或洗眼液冲洗，然后用清水冲洗。

（3）如果病原微生物泼溅在实验人员的衣服、鞋帽上或实验室桌面、地面，应立即选用75%的酒精、碘附、0.2% ～ 0.5%（体积分数）[1]的过氧乙酸、500 ～ 1000 mg/L的有效氯消毒液等进行消毒。

---

[1] 本书中之后出现的溶液的百分数，除特别注明外，其余都为质量分数。

动物生理学实验报告的书写

实验报告的书写是动物学实验课的基本训练之一，学生应以科学的态度，认真、严肃地对待，以便为以后撰写科研论文打下良好基础。

一、传统实验报告的书写

（1）实验结束后，每个学生均需根据实验指导教师的要求独立完成一份实验报告，并按时交给实验指导教师评阅。

（2）实验报告要文字简练、通顺，书写清楚、整洁，正确使用标点符号。

（3）实验报告的格式与内容：

① 注明姓名、专业、组别、日期。

② 实验序号和题目。

③ 实验目的和要求。

④ 实验方法：应根据实验指导教师的要求书写，重复使用的方法可以简要说明。

⑤ 实验结果：实验结果是实验报告的重要组成部分，应将实验过程中所观察和记录到的生理效应如实地、正确地记述和说明；将实验记录合理地加工和剪贴，并加图号、图注和必要的说明。

⑥ 讨论与结论：讨论是根据所学到的理论知识，对实验结果进行科学的分析和解释，并判断实验结果是不是预期的。如果出现非预期实验结果，应分析其可能的原因。讨论是实验报告的核心部分，可以帮助学生提高分析问

题的能力。不应该盲目抄袭书本内容，提倡学生提出自己创新性的见解和认识，其见解和认识必须是严肃认真和有科学依据的。结论是从实验结果和讨论中归纳出一般性判断，即对实验所验证的基本概念、原理或理论的简要说明和总结，结论的书写应该简明扼要。

二、无纸化实验报告

在实验前在实验室电脑上建立自己的文件夹并填写实验信息表，实验结束时将实验项目、步骤、结果、分析和讨论以及记录的图形内容存入其中。实验指导教师根据实验报告、操作过程等综合评定学生的实验课成绩。

动物生理学实验室规则

（1）遵守学习纪律，准时上、下课，实验期间不得借故外出或早退，特殊情况应向实验指导教师请假。

（2）必须严肃、认真地进行实验操作和观察实验结果；实验期间要保持安静，不得进行与实验内容无关的活动。

（3）实验所得到的数据和实验记录必须经过实验指导教师审核，否则不得结束实验。

（4）各组的器材和药品，应由本组使用，不得与其他组调换，以免混乱；如遇到仪器损坏和丢失，应报请实验指导教师处理。

（5）爱护公用财物，注意节约使用各种实验用品；实验动物按组发放，如需补充使用，必须经过实验指导教师的同意。

（6）实验过程中，要保持实验室清洁整齐，随时清除污物。实验完毕后，应将实验器材、用品收拾妥当；将手术器械擦洗干净，清点数量，放回原处。经过实验指导教师同意才能离开实验室。

动物生理学实验常用的信号采集仪器及使用指南

随着信息时代的到来，生理学实验数据的采集记录方法日益完善。MedLab生物信号采集处理系统、RM6240多道生理信号采集处理系统等现代化的多功能生理实验系统已经替代了记纹鼓、二道生理记录仪器、脉冲刺激器等原来在生理实验中占主要地位的生理学仪器。其中RM6240多道生理信号采集处理系统集生物信号采集、放大、显示、记录与分析为一体，是传统医学实验系统（由放大器、记录仪、刺激器和示波器组成）的换代产品。目前该系统已升级为RM6240E多道生理信号采集处理系统，外形如图1-5-1所示。

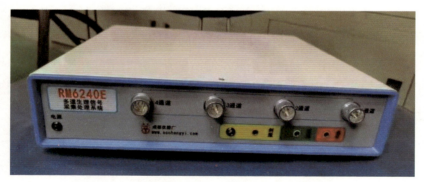

图1-5-1 RM6240E多道生理信号采集处理系统外形图

系统硬件包括外置程控放大器、数据采集板、数据线及各种信号输入输出线。软件（RM6240E生物信号采集处理系统1.0）主要由RM6240E.EXE及多个实验子模块组成。软件与硬件协调工作，实现系统的多种功能。其面板上设置有外接信号输入插座、刺激器输出插座、记滴及监听插座。前面板和后面板如图 1-5-2 和图 1-5-3 所示。

图 1-5-2　RM6240E 多道生理信号采集处理系统前面板

图 1-5-3　RM6240E 多道生理信号采集处理系统后面板

一、软件概述

软件界面如图 1-5-4 所示。

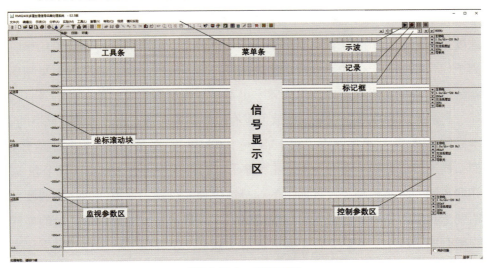

图 1-5-4　软件界面

1. 菜单条

显示顶层菜单项。选择其中的一项即可弹出其子菜单。

2. 工具条

工具条的位置处于菜单条的下方。工具条可以提供一些快捷途径：菜单条中最常用的指令，都能在工具条中找到对应的图标（只需用鼠标直接点击即可）。在操作工具条时，一旦鼠标指向某图标即会弹出其指令名称。

3. 控制参数区

可选择当前通道的模式和调节灵敏度、时间常数、滤波、扫描速度等参数。鼠标在通道参数区各功能键上移动可看到功能键的功能显示，分别为采集频率、通道模式、扫描速度、灵敏度、时间常数、滤波频率（图1-5-5）。用鼠标点击这些功能可调节各通道实验参数。通道模式可选择放大器模式。

（1）采集频率：系统采集数据的频率，如采集频率 100 kHz 表示系统以 100 000 点/秒的

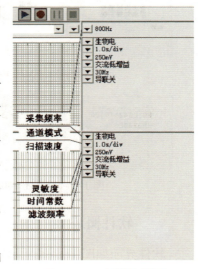

图 1-5-5　参数控制区

速度采集数据。由于计算机画一个波形是以若干点组成的，所以采集频率应高于信号频率若干倍才能分辨出有效信号。信号频率越高，需要的采集频率就越高。但在实际应用中，采集频率也不是越高越好，对于低频的信号，选择过高的采集频率非但对显示的波形没有改善，反而会占用过大的存储空间。本系统共有 21 档采集频率（从 1 Hz ～ 100 kHz），在每一档采集频率均有 8 档扫描速度供选择（在同一档采集频率下，扫描速度可有 160 倍的调节量），亦即在同一采集频率下，各通道的扫描速度独立可调，通道间的扫描速度可达到 160 倍的差别。在同样的扫描速度下，只要信号波形好，选择低的采样频率有助于减小记录的文件空间。但对于频谱丰富的信号，选择的采集频率过低，则会丢失信号的高频成分。如做神经放电实验时，尽管选择的扫描速度并不高，但仍需要选择足够高的采集频率。采集频率的物理意义为采集卡的频率响应。

（2）通道模式：用来选择放大器的工作模式，本系统的放大器是全功能程控放大器，通过通道模式选择各通道的放大器均可成为生物电放大器、血压放大器、桥式放大器、温度放大器、呼吸流量放大器等，如做血压实验时，应选择血压模式，并根据习惯选择血压单位。根据已知输入信号的特性，系统可通过软件工具栏中的创建新量纲功能添加或删除放大器的工作模式。本系统预先设置了生物电、血压（对应 YP100 型压力换能器）、体温（对应 CW100 型温度换能器）、温度（对应 CPT100 型温度换能器）、pH（对应 PHS-3D 型 PH 放大器）、呼吸流量（对应 HX200 型呼吸流量换能器）等通道模式，并已打开了生物电和血压模式。用户如需使用其他模式，可利用"创建新量纲"功能自行打开已有模式或创建新的模式。系统预先创建的模式应使用指定的换能器或放大器，否则需重新计量标定。

（3）扫描速度：计算机显示波形的扫描速度，如 1 s/div 表示水平方向一个大格代表 1 s 时间，相当于描笔式记录仪的走纸速度。和描笔式记录仪不同的是，本系统的扫描速度不是唯一的。例如：当采集频率为 200 Hz 时，可选择 100 ms/div 的扫描速度；在采集频率为 8 kHz 时，也可选择 100 ms/div 的扫描速度。但二者的物理意义是不同的，前者的频率响应低，后者的频率响应高，用前者无法观察神经放电现象，用后者则可观察。而对观察脉搏波这种低频信号来说，二者效果差不多，但前者的数据量仅为后者的 1/40，显然用前者更有助于节约数据存储空间。

（4）灵敏度：物理意义与描笔式记录仪的灵敏度相同，用于选择放大器的放大倍数。当观察到的信号太强或太弱时，应相应地减小或提高灵敏度。

（5）时间常数：物理意义与描笔式记录仪的时间常数相同。用于调节放大器高通滤波器的时间常数，与高通滤波器的低频截止频率成反比关系。高通滤波器用来滤除信号的低频成分，信号的有效成分频率越高，应选择的时间常数越小，如做神经实验时，因有效信号频率高，应该选择小的时间常数，将低频成分隔离掉，以有助于基线的稳定。有效信号频率低时，应选择高的时间常数或选择直流，如做胃肠电实验时选择 5 s 的时间常数，做张力实验时选择直流。

时间常数代表放大器低频滤波的程度，如 1 s、0.1 s、0.01 s、0.001 s 分别对应放大器的下限截止频率为 0.16 Hz、1.6 Hz、16 Hz、160 Hz。时间常数越小，下限截止频率就越高，亦即对低频成分的滤波程度越大。选择直流时，放大器不做低频滤波，放大器将信号中的交流和直流成分均做了放大。

（6）滤波频率：物理意义与描笔式记录仪的滤波频率相同，用来滤除信号的高频成分。当信号有效成分频率较低时，应选择低的滤波频率，以滤除高频干扰。如观察脉搏波时，选择 30 Hz 的滤波，代表此时放大器的上限截止频率为 30 Hz，可将 30 Hz 以上的各种干扰滤掉。

4. 监视参数区

点击"选择"项，出现界面如图 1-5-6 所示，其中部分选项功能如下。

（1）定标：用于校正该通道的灵敏度。利用软件定标，求出定标系数，再利用该系数修正测量结果，从而提高了测量准确性。

示波状态：当选择除生物电之外的其他物理量时，按相应的灵敏度输入外接的标准信号（如在血压 12 kPa 档输入 12 kPa 的压力信号，或者在生物电直流 10 mV 档输入 10 mV 直流信号），点击"定标"后，在弹出的对话框中输入外接信号标称值，点击"确定"即可将采样信号定位在所输入的标称值上。注意，在定标前必须先调好零位。

图 1-5-6　监视参数区

分析状态：请用鼠标左键在本通道内确定一段区域波形（该段波形的平均值将作为定标参考值），再在弹出的"定标"对话框中输入信号标称值，点击"确定"即可将采样信号定位在所输入的标称值上。分析状态定标将改变原示波状态定标参数。

（2）取消定标系数：将本通道定标系数恢复为 1。在做新的定标之前，最好先执行该功能。若要取消保存的定标系数也需输入密码"CHENGYI"。

（3）取消零点偏置：用于取消该通道软件所做的零点偏移。

（4）显示刺激标注：显示刺激器的相关参数。

（5）添加内标尺：在"选择"菜单点击"添加内标尺"，用于对已记录波形添加标尺。选择"X"项后，在波形图上需要添加时间标尺的位置点击鼠标右键，则显示X轴方向的刻度标尺；选择"Y"项则显示垂直方向的幅度标尺；选择"X–Y"项则同时显示时间和幅度刻度标尺。若需取消已添标尺，可先选择添加内标尺选项，再在原位置点击右键即可。

（6）通用实时测量：在"选择"菜单点击"通用实时测量"，点击"全屏"按钮后，在相应的通道左上部将实时显示当前屏波形的最大值、最小值、平均值和峰—峰值（最大值减最小值）；点击"快速"后，在相应的通道左上部将实时显示两大格内最新波形的最大值、最小值、平均值和峰—峰值（最大值减最小值）。

（7）专用实时测量：在"选择"菜单点击"专用实时测量"，可实现心率、呼吸率、血压、心室内压和心肌收缩的测量。

（8）静态统计测量：在"选择"菜单点击"静态统计测量"，系统将根据用户在各对话框中选定的测量参数，自动在数据板中给出相应参数值。完善参数值后，便可进行测量统计。可测量张力、压力、呼吸、生物电、阻抗、脉搏等。

（9）心电测量：在"选择"菜单点击"心电测量"，可进行心率自动测量、心率区域测量、心电图标准化测量（手动）、心电图自动测量（单波）、心电图自动统计测量、（HRV）心率变异性分析，可绘制时间–心率曲线图、时间–心率曲线图（区域）、时间–心率（R-R间期）曲线图、时间–心率（R-R间期）曲线图（区域）。

（10）放电统计：在"选择"菜单点击"放电统计"，可完成放电事件统计、放电统计原始数据输出、放电直方图统计、放电直方图统计（双阈值）和自动放电测量。

（11）波动率/间期测量：在"选择"菜单点击"波动率/间期测量"，用于测量当前屏信号的平均波动频率或间期。例如，对心电方面，波动率代表心率；对呼吸方面，则代表呼吸率。

（12）原始波：在"选择"菜单点击"原始波形"，即退出微分、积分、相关等状态回到原始状态，显示通道原始波形。

（13）其他通道原始波：在"选择"菜单点击"其他通道原始波形"，则可以观察不同的扫描速度下的同一波形。

（14）微分：在"选择"菜单点击"微分"，可进行微分分析。利用对话框调节微分参数，如果设置满意，按"确定"即可。如果不想显示微分图形或不满意设置，那么按"取消"即可。同时，微分分析可在动态或静态下进行。参数中，放大倍数用于调节微分波的幅度。高频截止频率用于调节微分通道的数字滤波截止频率（低通滤波），以滤除微分波中不需要的高频信号。

（15）积分：在"选择"菜单点击"积分"，可进行积分分析。利用对话框调节积分参数，参数中，放大倍数用于调节积分波的幅度。如果设置满意，按"确定"即可。如果不想显示积分图形或不满意设置，那么按"取消"即可。同时，积分分析可在动态或静态下进行。如果选择时间回零，则在到达规定时间后重新从零值开始积分；如果选择满度归零，则在积分值积至满度值后，重新从零值开始积分。

（16）频率谱：在"选择"菜单点击"频率谱"，可进行频率谱分析，即对某一通道内的频率成分进行分析。值得注意的是，输入信号频率应低于采样频率的1/2。

（17）相关图：在"选择"菜单点击"相关图"，进行相关图分析，此时该通道相当于"X–Y"记录仪。

（18）零走纸：在"选择"菜单点击"零走纸"，即 $X=0$，可实时显示指定通道的幅度值。

（19）零相移滤波：在"选择"菜单点击"零相移滤波"，可以根据自己的设计选择所需的滤波窗函数，静态分析波形，以达到理想的滤波效果。

（20）数字滤波：对实验波形进行软件滤波，包括"低通""高通""带通"

和"带阻"4种模式。数字滤波处理后通过选择"原始波"选项可恢复原始信号。

（21）直方图：可实现对通道波形的面积和频率直方图处理。

二、菜单说明

顶级菜单条相当于对菜单命令进行第一次分类，将相同性质的命令放入同一顶级菜单项下。以下将详细说明各顶级菜单项功能。

1. 文件菜单

该菜单中的命令主要用于新建、打开、保存、打印文件，其用法与Word、Excel等应用程序中的"文件"菜单相似。具体如图1-5-7所示。

（1）按默认参数新建：用此命令在系统中进行系统初始化并建立一个新文档。键盘快捷键，Ctrl+N。

（2）打开：用此命令打开一个以前存储的文件供分析处理等。键盘快捷键，Ctrl+O。

（3）保存：用此命令将记录的波形或经过处理的波形保存到它当前的文件名和目录下。当第一次保存时，记录分析仪显示"另存为"对话框以便对要保存的文件命名。如果在保存之前，想改变文件名和目录，可选用"另存为"命令。键盘快捷键，Ctrl+S。

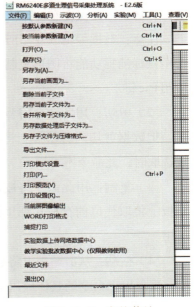

图1-5-7 文件菜单

（4）另存为：用此命令来保存并命名文件。显示"另存为"对话框以便命名您的文件。如要用当前文件名和目录保存文档，可用"保存"命令。

（5）另存当前画面为：用此命令来保存通道当前显示的波形。

（6）最近文件：打开最近打开过的文件。

（7）退出：退出记录分析系统。

2. 编辑菜单

"编辑菜单"主要有"剪切""复制""粘贴"3 种命令。在本系统中，这些命令必须在点击了"数据编辑"命令（或"工具栏"中相应图标"I"）后才能使用。

（1）数据编辑：此选项便于在通道中直接对波形（数据）进行拷贝、剪切和粘贴。选取此项命令后，按住鼠标左键并拖动鼠标即可选取任意范围需要编辑的波形（选中的波形背景颜色为黑色），此时，可通过以下命令对波形进行处理，以便保存和打印。

注意：数据编辑改变了所采集的原始数据位置，如仅需剪贴和编辑图形，可用鼠标捕捉功能将图形复制到 Word 文档或波形图板中编辑。退出该命令时可用 Esc 键。

（2）剪切：用此命令将当前被选取的数据从文档中剪去并放置于剪贴板上。把数据剪切到剪贴板上将取代原先存放在那里的内容。如当前没有数据被选取时，此命令不可用。

（3）复制：用此命令将被选取的数据复制到剪贴板上。把数据复制到剪贴板上将取代以前存放在那里的内容。如当前无数据被选取时，此命令则不可用。

（4）粘贴：从剪贴板上将数据粘贴到文档中。

现将以上命令的具体应用举例如下。

例：在位置 A 剪去一段波形并把它插到位置 B。

操作步骤：用鼠标单击"数据编辑"（或相应图标"I"）；将鼠标移到欲剪切的波形起始处，按住鼠标左键并拖动鼠标将需剪切的部分涂黑；用鼠标点击"剪切"命令（或用快捷键 Ctrl+ X），波形即被剪切。将鼠标移到剪切波形欲插入的位置，点击鼠标右键，再点击"粘贴"命令（或用快捷键 Ctrl+ V），即完成以上操作。

3. 示波菜单

该菜单中的命令主要用于波形记录的控制以及实验过程中记滴、刺激器等功能的打开。具体如图 1-5-8 所示。

（1）开始示波：选择此命令系统开始采集波形并实时显示波形。

（2）开始记录：选择此命令系统开始将采集的波形在实时显示的同时实时记录到硬盘上。

（3）停止记录：选择此命令暂停记录波形，再次点击该键继续记录。

（4）程控记录：此命令用于需要长时间观察并断续记录的实验。

（5）记滴：选择此命令可打开记滴显示框，并显示记滴时间、滴数和平均速率等实验数据。

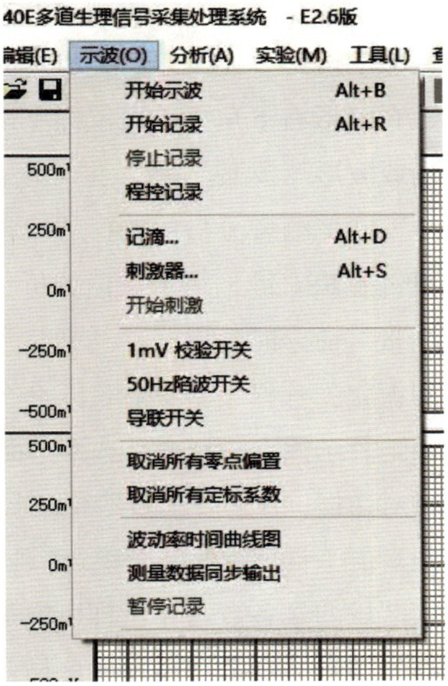

（6）刺激器：选择此命令可以打开刺激

图 1-5-8　示波菜单

器对实验对象进行刺激，首先选择刺激方式、调节刺激参数，然后启动"刺激"按钮，刺激器便按设定的刺激方式和刺激参数输出刺激脉冲。

4. 分析菜单

该菜单中的命令主要用于实验选择、波形分析测量及数据分析等功能。

（1）实验选择：在分析状态可选择相应命令进入上一实验子项目、下一实验子项目、头实验或尾实验。

（2）波形分析：选择"波形前移"命令时，按小键盘上的"＋"键或按住 Shift 再按"＋"键则可使波形前移 1 格或 10 格；选择"波形后移"命令时，按小键盘上的"－"键或按住 Shift 再按"－"键则可使波形后移 1 格或 10 格；选择"标记查询"命令时，在记录波形时加入的所有标记，均可通过对话框的下拉按钮找到，再按"确定"即可查询到标记所在位置，此时也可用 Alt 加"←"或"→"键实现标记前后搜索；选择"开始反演"命令时，将开始自动重复反演当前实验所记录的波形；选择"鼠标捕捉"命令时，可以复制鼠标在图形左上角及右下角确定的图形区域（用于确定一个图形区域并需要将该区域的图形复制下来时，操作时在需要复制的波形左上角单击鼠标左键，然后在波形右下角再单击鼠标左键，即可复制选取的波形），并粘贴在 Word 文档或波形图板上。

（3）测量分析：选择"缺省测量"命令时，默认为取消测量，其键盘快捷键是 ESC 键，用于取消分析状态下上一次所选择的测量功能；选择"移动测量"命令时，鼠标移动到信号的某一点，系统就在屏幕上显示该点的时刻和振幅；选择"斜率测量"命令时，鼠标移动到信号的某一点，系统就在屏幕上显示该点的斜率；选择"面积测量"命令时，界面出现"面积参数设置"的对话框，有正波（即零线以上波形的面积）、负波（零线以下波形的面积）、绝对值（整个波形的面积）3 种方式可供选择，选定方式后用鼠标在需要测量的区域两端各点击一次即可完成该区域的面积测量；选择"区域测量"命令时，用鼠标在需要测量的区域两端各点击一次，系统自动测量两点间的时间和该区域内的振幅最小值、最大值、峰—峰值及平均值，并将数据自动粘贴在数据板；选择"传导速度测量"命令时，用于"神经干动作电位"实验中传导速度的测定，输入电极距离后，如选择手动测量则用鼠标确定一、二通道 2 个动作电位波形的时间差，即可完成测定，如选择自动测量可自动确定一、二通道两个动作电位波形的传导速度；选择"周期测量"命令时，用鼠标选择 5 个连续的周期波的相同位置各点击一次，则系统自动测量出 5 个波的平均周期、频率和波动率，也可只选择 2 个（或 3 个、4 个）连续的周期波，但需要再次点击鼠标右键来完成测量，例如，在一段波形上选择 2 个连续的波峰（或波谷）各点击一次，再点击鼠标右键即可测量出这段波形的周期、频率和波动率（该做法可用于 5 个以下连续周期波的周期测量）；选择"数据输出"命令时，在原始波形上用鼠标确定区域的起点和终点，则在弹出的数据板内将列出该区域中所有点的幅值，这些数据可存盘或导入 Excel、Word 进行处理。

（4）显示测量信息：点击"显示测量信息"按钮后，屏幕底部将弹出一图框，用于显示测量数据，同时也可以在此框中增删文字，做实验笔记，并可单独以文本文件（.txt）存盘。

在显示框中点击"新建"图标将清除测量数据显示框中数据，并新建文档（尚未保存的数据将丢失）；点击"打开"图标可以打开以文本文件（.txt）保存的测量数据；点击"存盘"图标可以将当前测量数据以文本文件（.txt）形式保存；点击"复制"图标可以选取您所需的内容进行复制；点击"粘贴"图标可以方便快捷地将所复制的测量数据粘贴到office等文档中，也可粘贴到本系统的实验信息栏；点击"导出到实验信息"图标可将数据板中的信息加载到评注中进行打印，需单击选中显示框中的信息（测量数据或用户编写的文字），此时信息便已加载到实验信息的实验评注中，并显示在评注栏中；点击"标记捕捉"图标可将显示框中的数据信息制作成标记加载到不同通道中进行打印，可用鼠标点击选取所需的信息（测量数据或用户编写的文字）作为标记内容，即可在各通道内任意位置添加该标记；点击"导入Excel"图标可将显示框中的所有信息（以空格作为分隔符）自动导入Excel；点击"导入Word"图标可将显示框中的所有信息自动导入Word。

5. 工具菜单

（1）坐标滚动：点击后，各通道右边（即监视参数区）将弹出一滚动条，拉动该滑动块可使坐标沿垂直方向快速滚动，点击滚动条上下两端的箭头则可使坐标缓慢滚动，从而扩大了波形的显示范围。

（2）零点偏移：用于通道的零点调节。其正负调零范围最好不要超过放大器当前灵敏度档的范围（即垂直方向 ±1 大格），否则将影响放大器的动态范围。如果零点偏移太多，应调节换能器本身的零位。

（3）波形放大、波形缩小、波形还原：利用软件改变通道灵敏度，对信号放大或缩小。具体使用时，选择波形放大或缩小，然后在通道内用鼠标每点一下波形，波形即被放大或缩小一次。

（4）波形图板：打开波形图板，可对所选的波形进行剪切、擦除等。同时此图形还可通过粘贴方式，粘贴到Word文档中，以供撰写实验报告使用。

6. 查看菜单

"查看菜单"可查界面中各种状态和参数。

（1）工具栏：显示或隐藏工具栏。

（2）状态栏：显示或隐藏状态栏。

（3）回到初始状态：回到初始标准界面。键盘快捷键"Alt+H"可使4个通道的信号显示均布在显示区。

（4）控制参数区：显示或隐藏控制参数区。

（5）监视参数区：显示或隐藏监视参数区。

（6）隐藏控制、监视参数区：可用于隐藏控制、监视参数区。

7. 帮助菜单

"帮助菜单"提供命令选项，为用户提供使用这个应用程序的帮助。"帮助主题"，提供给用户可从中得到帮助的主题索引。

8. 刺激器功能

（1）电刺激器参数：说明（点击工具条上的"刺激器"即可打开刺激器界面进行参数设置）刺激参数。

（2）方式：正电压、负电压、正电流、负电流（后3种方式对应RM6240EC型）。

（3）模式：单刺激、串单刺激、连续单刺激、自动单刺激、双刺激、串双刺激、连续双刺激、自动双刺激。

（4）T1（刺激前延时）：刺激脉冲发出之前的初始延时。

（5）波宽：刺激脉冲高电平。

（6）频率：刺激脉冲频率（单位时间内刺激脉冲数）。

（7）脉冲数：串脉冲（单刺激或双刺激）时的刺激脉冲个数。

（8）强度：刺激的强度。

（9）波间隔：双刺激时第1个刺激脉冲和第2个刺激脉冲之间的时间间隔。

（10）同步触发：一旦选择同步触发，系统采集信号和刺激器发刺激脉冲即同步进行。每发一次刺激，系统采集并显示一屏波形。利用同步触发，可以对信号叠加平均，使信号噪声进一步降低。注意，一旦选择同步触发，恢复连续示波必须取消同步触发。

（11）记录当前波形：如用户满意当前波形，则可点击此键，系统以子文件形式保存当前屏幕波形。此后用户可继续在同步触发状态进行实验，每点击一次该键，即保存一屏波形，子文件以数字1，2，3，……编号。用户可通过键盘上的"Page Up"和"Page Down"键依次查看各子文件的实验波形。在退出系统前，用户若选择保存命令保存实验结果，系统将全部子文件保存在同一文件内。

（12）触发捕捉：一旦选中该选项，用户即可在（任一）通道中用鼠标将幅度阈值（以一水平线表示）设定在所需位置，以后每点击一次刺激器的"开始捕捉"键，则在信号达到设定值时，系统按设定的捕捉方式（上升沿或下降沿触发）自动产生一次刺激脉冲。

（13）上升沿触发：当采样信号上升沿达到阈值时，触发刺激器发出刺激信号。

（14）下降沿触发：当采样信号下降沿达到阈值时，触发刺激器发出刺激信号。

（15）强度递增方式：可自动按强度递增方式发刺激脉冲。选择该方式后，需确定第一组刺激脉冲参数（即初始刺激参数）、组间延时以及各组之间的强度增量（注意，若初始刺激参数选项中脉冲数为1，该方式即成为强度递增单刺激方式）。参数确定后，用鼠标单击"确定"键即回到刺激器对话框，此后每发一次刺激命令，系统即从初始刺激开始，按强度递增方式发出一组组刺激，各组刺激之间的周期由组间延时参数确定。

（16）频率递增方式：可自动按频率递增方式发刺激脉冲。选择该方式后，需确定第一组刺激脉冲参数（即初始刺激参数）、组间延时以及各组之间的频率增量。参数确定后，用鼠标单击"确定"键即回到刺激器对话框，此后每发一次刺激命令，系统即从初始刺激开始，按频率递增方式发出一组组刺激，各组刺激之间周期由组间延时参数确定。

三、软件运行

打开外置的"生理实验系统"电源（若仅对以前记录的波形进行分析，不做示波及记录，则可不开外置仪器），然后开启计算机，用鼠标双击计算机屏幕上的"RM6240E生物信号采集处理系统1.x"图标即可进入实验系统。注意开机顺序：应先开外置仪器，然后再进入"实验系统"。如果未开外置仪器即进入"实验系统"，系统无法进行"示波"或"记录"，此时应退出软件系统，开启外置仪器再进入系统；对有些笔记本电脑，则需重新启动计算机。

进入RM6240E生物信号采集处理系统主界面后，可以通过屏幕右边参数控制区从上至下依次在各通道设置所需要的通道模式、扫描速度、灵敏度、时间常数和滤波等参数。在屏幕左边参数控制区可进行零点调节、坐标滚动，也可对通道做校验、频率谱、相关图、微分、积分、直方图（用鼠标点开左边参数控制区的选择按钮进行选择）等分析处理。本系统对显示的通道宽度可任意调节，只需在通道的分隔栏位置按住鼠标左键拖动到所需位置即可，使用键盘快捷键"Alt+H"可使通道回到等分状态。本系统在工作过程中分三个环境，即示波、记录和分析环境（图1-5-4）。

1. 示波环境

在示波环境点击"开始示波"，系统即开始采集信号，并把采集到的信号波形实时显示出来，点击"停止"键系统即停止采集信号。在示波环境可以调节各种实验参数，如通道模式、扫描速度、灵敏度、时间常数，也可选择各种实时处理模式，如频率谱、相关图、微分、积分、直方图，选择刺激器、记滴等功能。请注意，示波状态相当于放大器与示波器、刺激器结合的实验环境，示波时采集到的信号只做实时显示，但未记录到硬盘。和刺激器结合，系统还可实现同步触发示波（每发一次刺激显示一幅图形），如果使用相关分析，则显示相关图的通道相当于"X-Y"示波方式。

2. 记录环境

点击"记录"键，系统即开始在显示波形的同时将采集到的信号实时存储到硬盘。从示波状态点击"记录"键可直接进入记录状态。一旦在示波状态点击"记录"键，系统即将当前屏幕所显示的波形以及此后采集的信号实时记录到硬盘上。请注意，信号是以临时文件的形式实时记录的，只有在退出系统前正式存盘，该文件才能转换成正式文件。在记录状态如点击"暂停"键，则暂停记录；再次点击"暂停"键，则系统在原记录文件基础上继续记录。记录状态也可调节各种实验参数和模式，但有些参数如采集速度必须在示波状态才能调节。记录环境相当于放大器与示波器、刺激器、记录仪相结合的实验环境。在记录状态，通过双击鼠标左键可激活或取消系统具备的计时功能，通过单击鼠标右键还可在所需通道打上中文词条标记。

3. 分析环境

从记录状态停止记录或打开一个已存盘的文件，系统即进入分析状态。在分析状态系统可对记录的波形进行各种测量、分析、编辑和打印。

系统为用户预先设置了大量的实验项目。如果用户是做系统已设置的固定实验项目，那么只需通过"实验"菜单选择所需要的实验项目，系统将自动设置好有关参数（用户只需在此基础上根据信号微调有关参数，如根据信号强弱微调灵敏度）。通过"实验"菜单选择所需实验项目可在刚进入系统界面时进行，也可在示波状态或示波状态停止后进行。如系统处于记录或分析环境，则需先回到示波环境才能选择预先设置的实验项目。当各种参数选择好后，可通过选择"示波"菜单中的"开始示波"项（或用鼠标点击工具条的"开始示波"图标）进行数据波形采样。如果对波形满意，那么可通过选择"示波"菜单中的"开始记录"项记录数据，此时的波形以临时文件形式被实时存入硬盘。在记录过程中也可选择"停止记录"项暂停记录某些数据。当需要记录时，又可选择"开始记录"。在记录过程中，可以通过打标记标识记录过程中的某一点，以便查找。在选择文件菜单中的"保存"命令（退出系统前系统也会提示用户对实验结果保存）对实验结果以正式文件形式保存后，此前的记录即被保存在该文件中。如果记录是非连续的（中途停止记录，过后又继续记录），则每一段记录都以子文件形式存在同一文件中，以后在系统中可用计算机的"Page Up"和"Page Down"键选择各段记录。此时，可在系统界面的左上角看到子文件的编号（以阿拉伯数字表示）。保存的文件以后可用系统的"打开"命令调入系统进行分析处理或打印。

点击"开始记录"并点击"结束记录"后，系统即进入"分析状态"。可用分析工具对记录的信号进行分析，或通过"文件"菜单中的"打印"选择项，打印实验结果。如果记录了波形，又进入示波状态然后停止示波，此时可利用计算机的"Page Up"和"Page Down"键找出先前记录的波形进行分析。

在分析图形时，各种参数的测量结果可显示或记录在"数据板"上（可用工具条中"测量信息"项打开"数据板"），便于用户编辑和打印。

当用户仅需用单个（或两个）通道时，建议使用第一（或第一、第二）通道。

值得注意的是，任何实验，只要生物信号无问题，要取得好的实验效果，关键是实验参数（用系统界面右边控制参数区的按键调节）的设置，包括合适的"采集频率""通道模式""扫描速度""灵敏度""时间常数""滤波频率"。当出现 50 Hz 交流信号干扰时，还应将示波菜单中的"50 Hz 陷波开"打开；然而若所采集的信号频率本身处于 50 Hz 附近，则不宜打开"50 Hz 陷波"。

动物生理学实验常用的配件和手术器械

一、RM6240E 多道生理信号采集处理系统配件

1. HSS-1B 型离体肠管实验恒温装置

HSS-1B 型离体肠管实验恒温装置既可做痛觉及肠平滑肌等离体器官实验，又可单独作为通用恒温循环浴槽使用。控温范围：室温 95℃，如图 1-6-1 所示。

2. 万能实验支架

万能实验支架在生物机能实验中用于电极固定，如图 1-6-2 所示。

3. BB-1 标本屏蔽盒（带肌槽）

BB-1 标本屏蔽盒将神经屏蔽盒和肌槽合二为一，既可用于神经干动作电位实验，也可用于肌肉收缩实验，如图 1-6-3 所示。

  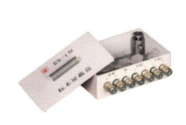

图 1-6-1　离体肠管实验恒温装置　图 1-6-2　万能实验支架　　图 1-6-3　标本屏蔽盒

4. 蛙心刺激及受滴两用电极

电极具有良好的弹性和柔性，期外收缩及代偿间隙实验时可用作蛙心刺

激电极，泌尿实验时可用作受滴电极，如图 1-6-4 所示。

5. YQ100 银球引导电极（探头带柔性弹簧）

YQ100 银球引导电极适合于引导诱发电位，由于探头带柔性弹簧，不易损伤机体，因而引导诱发电位时不用微推进器也能顺利地完成实验。该电极还可用作大脑皮质运动机能定位实验的刺激电极，如图 1-6-5 所示。

6. YSDJ100 保护电极

YSDJ100 保护电极用于引导测试减压神经、肾神经、膈神经等神经放电信号，亦可用于神经刺激之功能。如配上调节器，实验时调节位置更加方便，如图 1-6-6 所示。

图 1-6-4　蛙心刺激电极　　　图 1-6-5　引导电极　　　图 1-6-6　保护电极

7. JZ100 型肌肉张力换能器

JZ100 型肌肉张力换能器可直接与 RM6240E 或 RM6280 系列生理记录及分析处理系统连接使用，主要用于测量肌肉张力、呼吸等生理信号，如图 1-6-7 所示。量程：0 ~ 10 g、0 ~ 30 g、0 ~ 50 g、0 ~ 100 g；灵敏度：3 mV/（V·F·S）；输入电压：6 V 直流。

8. YP100 型压力换能器

YP100 型压力换能器可直接与 RM6240E 或 RM6280 系列生理记录及分析处理系统连接使用，主要用于测量动物的动脉和静脉血压，如图 1-6-8 所示。测量范围：10 kPa ~ 40 kPa；灵敏度：1 350 μV/Pa；输入电压：6 V 直流。

图 1-6-7　肌肉张力换能器　　　　图 1-6-8　压力换能器

9. MP100 型脉搏换能器

MP100 型脉搏换能器是一种小型、带压脉带的压电式脉搏换能器，可直接与 RM6240E 或 RM6280 系列生理记录及分析处理系统连接使用，能记录外周脉搏压力的变化，可用于测量脉搏率或小动物的呼吸活动，如图 1-6-9 所示。该换能器是无源换能器，使用时将换能器绕在手指上即可，特别适合在教室使用。频率响应：$0 \sim 1\,500\,Hz$。

10. HX100 及 HX101 型呼吸换能器

基于压电装置的呼吸换能器，不要求激励或前置设备。呼吸换能器产生与长度变化呈线性的电压，适合动物（HX101 型）和人体（HX100 型）呼吸波的测量，如图 1-6-10 所示。频率响应 >100 Hz。

图 1-6-9　脉搏换能器　　　　　图 1-6-10　呼吸换能器

二、实验动物手术器械

动物生理学实验常用手术器械如图 1-6-11 所示。

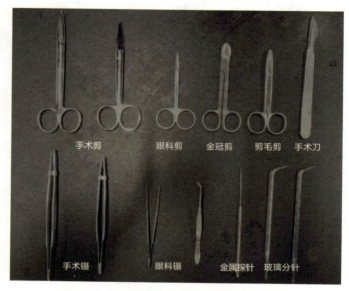

图 1-6-11　动物生理学实验常用手术器械

（1）剪刀：粗剪刀用于剪骨、肌肉、皮肤等粗硬组织；细剪刀或眼科剪剪神经或血管等组织。

（2）镊子：手术镊用于夹捏组织和牵提皮肤；眼科镊用于夹捏细软组织。

（3）金属探针：用于破坏脑和脊髓组织，又称为毁髓针。

（4）玻璃分针：用于分离神经和血管等组织。

（5）锌铜弓：用于对神经肌肉标本进行刺激，以便检测其兴奋性。

（6）蛙心夹：使用时，一端夹住蛙心尖，另一端借线绳连于杠杆或张力换能器上，进行心脏活动描记。

（7）蛙板：木板上有许多孔，可用蛙腿夹将蛙腿夹住，嵌入孔内而行固定；也可以用固定针将蛙腿固定在蛙板上。制备神经肌肉标本应在清洁的玻璃板上操作，在蛙板中央镶嵌一块玻璃片。

（8）手术刀：用于切开皮肤和脏器。

（9）止血钳：除了用于止血外，有齿的止血钳还可以用于提起皮肤；无齿的止血钳用于分离皮下组织；纹氏止血钳比较细小，适于分离小血管和小神经周围的结缔组织。

（10）骨钳：用于打开颅腔和骨髓腔时咬切骨质。

（11）动脉夹：用于阻断动脉血流。

（12）气管插管：急性动物实验时插入气管，保证呼吸通畅。

（13）血管插管：在进行急性动物实验时动脉插管一端插入动脉，另一端接实验仪器，记录血压。静脉插管入静脉后固定，以便在实验过程中随时用注射器通过插管向动物体内注射药物。

动物生理学实验常用的动物、溶液和药品

一、常用的实验动物

1. 蟾蜍和牛蛙

蟾蜍（图 1-7-1）和牛蛙（图 1-7-2）是生理学实验中常用的小型动物，其坐骨神经-腓肠肌标本可以用来观察各种刺激或药物对神经、肌肉或神经肌肉接头的作用。它们的离体心脏在适宜的环境中能够持久地、有节律地搏动，常用于研究药物对心脏的作用等。

图 1-7-1　蟾蜍

图 1-7-2　牛蛙

蟾蜍身体较大，皮肤粗糙，表面有许多突起；眼的后方有一对毒腺，所分泌的黏液为蟾酥。雌性背部突起上生有黑色小棘，雄性缺无。它们白天隐居于石块、落叶下或洞穴内阴湿处，傍晚或夜间活动，以蚊虫、多足类及软体动物等为食。冬季它们潜伏在土壤中冬眠，翌年春季出土。3 ～ 4 月份雌性在水中产卵。卵结成带状，数目可达 6 000 余枚。卵子体外受精，受精后两周孵化。幼体形似小鱼，用鳃呼吸，有侧线，称为蝌蚪。蝌蚪经 77 ～ 91 天

变态发育为成体，转入陆地生活。蟾蜍的性成熟期为 4 年。蟾蜍属于"三有"动物（有益的或者有重要经济、科学研究价值的陆生野生动物），受法律保护，供药用或实验材料用时需报相关部门审批。

牛蛙个体较大，雌性体长达 20 cm，雄性 18 cm，最大个体体重可超过 2 kg。头部宽扁。口端位，吻端尖圆面钝。眼球外突，分上、下两部分；下眼皮上有一个可褶皱的瞬膜，可将眼闭合。背部略粗糙，有细微的肤棱。四肢粗壮。前肢短，无蹼，雄性个体第一趾内侧有一明显的灰色瘤状突起。后肢较长大，趾间有蹼。肤色随着生活环境而多变，通常背部及四肢为绿褐色，背部带有暗褐色斑纹；头部及口缘鲜绿色；腹面白色；咽喉下面的颜色随雌雄而异，雌性多为白色、灰色或暗灰色，雄性为金黄色。鸣声很大，远闻如牛叫声而得名。它们常生活于静水中或其附近。牛蛙春季繁殖，卵产于水中。牛蛙可供食用或用作实验材料。

2. 鼠类

小白鼠是医学中用途最广泛和最常用的动物。因为它的生殖周期短、繁殖量大、温顺而容易操作、能够复制出多种病理模型，适合于需要大量动物的实验。但是不同品系的小白鼠对同一刺激的反应差别很大。大白鼠的性情不如小白鼠温顺，但在动物生理实验上的用途更广泛，因为大白鼠的实验动物模型较稳定，一些在小白鼠身上不能较好进行的实验可以在大白鼠上进行。

3. 家兔

家兔（图 1-7-3）的品种较多，是动物生理学中最常用的动物之一。家兔耳的血管丰富，耳缘静脉表浅，容易暴露，是药物注射的良好选择部位。其主动脉神经在颈部自成一束，称为减压神经（缓冲神经），便于研究减压神经与血管活动的关系。家兔性情温顺，便于灌胃和取血，可以用于血压、呼吸、尿的生成等多种实验，还可以用于代谢实验、酸碱平衡紊乱实验、水肿实验

图 1-7-3 家兔

和炎症实验等。由于家兔体温变化较敏感，常用于体温实验和热源实验。

4. 鱼类

鱼类属于低等水栖脊椎动物，很多结构却有着与高等陆生脊椎动物相类似的机能和活动机制。当然，鱼类研究还有特殊的生理学内容。鱼类的游泳能力、水中呼吸的特殊器官及机能、调节渗透压的特殊方式、消化吸收及生殖上的特点，以及鱼类发声、发光、发电等特殊的机能和结构正是广大鱼类生理学家投入浓厚兴趣的研究内容。在渔业上，要提高捕捞效率和增加捕获量，就必须掌握鱼类的生物学规律，其中包括鱼类的生理学规律。20世纪60年代兴起的运用声、光、电等现代技术捕鱼、拦鱼、诱鱼，就是在研究和了解鱼类对不同强度的声、光、电刺激的反应或行为基础上提出来的，而这些就离不开对鱼类神经生理、肌肉生理、感觉生理等知识的综合分析应用。要提高单位水体的鱼产量，要进行人工配合饲料的研究，就必须了解鱼类摄食、消化、吸收的机能，以及鱼类对营养的需求。要进行鱼类人工繁殖和性别控制，就必须了解鱼类生殖生理、内分泌生理相关知识。将鱼类生理学知识应用于生产实践中已经结出硕果，鱼类生理学中尚未为人类所认识的，也终将逐步为人们所认识和掌握。生理学实验常用鱼类有鲫鱼（图1-7-4）、鲤鱼（图1-7-5）、海鲈（图1-7-6）、大菱鲆（图1-7-7）、斑马鱼（图1-7-8）、许氏平鲉（图1-7-9）。

图1-7-4　鲫鱼　　　　　图1-7-5　鲤鱼　　　　　图1-7-6　海鲈

图1-7-7　大菱鲆　　　　图1-7-8　斑马鱼　　　　图1-7-9　许氏平鲉

二、常用的生理溶液

在进行离体组织器官或组织生理实验时，为了维持标本正常的生理功能，必须尽可能使标本所处的环境因素与体内相近。这些因素包括电解质成分、渗透压、酸碱度、温度甚至某些营养成分。这样的溶液称为生理代用液或者生理溶液。最简单的生理溶液为0.9%的氯化钠溶液（恒温动物）或者0.65%的氯化钠溶液（变温动物），又称为生理盐水。但是生理盐水的理化特性与体液（细胞外液）有很大不同，很难维持较长时间的离体组织或者器官的正常活动。英国生理学家Ringer研制了能够维持蛙类心脏正常活动的林格液（简称任氏液）。自此以后，许多生理学家在此基础上研制出各种动物的生理溶液。这些生理溶液不仅电解质的晶体渗透压与体液相同，而且几种离子的比例以及缓冲能力与体液也相同。但是，生理溶液不宜久放，用时临时配制。为了配制方便起见，最好事先配好各种成分的基础母液，用时按照体积比例混合，再加入蒸馏水定容。常用生理溶液成分见表1-1。

表1-1　常用生理溶液成分表　　　　　　　　　单位：g/L

成分	生理盐水		任氏液（Ringer's）	洛氏液（Locke's）	台氏液（Tyrode's）
氯化钠	6.5 ~ 7.0	8.5 ~ 9.0	6.5	9.0	8.0
氯化钾			0.14	0.42	0.2
氯化钙			0.12	0.24	0.2
碳酸氢钠			0.20	0.1 ~ 0.3	1.0
磷酸氢钠			0.01		0.05
氯化镁					0.1
适用动物	两栖动物	哺乳动物	两栖动物	两栖动物	哺乳动物

注：如果配制溶液时需要加入碳酸氢钠或磷酸氢钠，同时又需要加入氯化钙时，需要先加入前两种盐，待其充分溶解后，再加入氯化钙，否则容易产生沉淀。

三、常用的麻醉剂

在急性和慢性动物生理实验中，在手术之前必须进行麻醉。麻醉药品的种类很多，作用原理也不尽相同。麻醉药品主要是抑制中枢神经系统的活动，也可以引起其他生理机能变化。比较好的麻醉药品应该具备的条件：麻醉完善，在实验过程中动物无挣扎和鸣叫现象；对所观察生理指标影响较小；使用比较方便。一般麻醉分局部麻醉和全身麻醉两种形式。

（1）局部麻醉：主要麻醉药为普鲁卡因（5 ~ 10 g/L），一般进行皮下注射或神经干麻醉。

（2）全身麻醉：麻醉剂的种类较多。其中氨基甲酸乙酯（乌拉坦）溶液，常用于兔、猫、狗、蛙等动物的麻醉，使用浓度为20% ~ 25%，药效维持在4 ~ 5 h，为动物生理学实验常用麻醉剂。巴比妥钠溶液，1% ~ 3%静脉注射，维持3 ~ 5 h。乙醚，为吸入性麻醉，可以适合各种动物，尤其是时间较短的手术，吸入后10 ~ 20 min发挥作用。三卡因（MS-222），根据鱼体数目和鱼体大小按一定浓度加入盛有鱼的容器中，经一段时间后，鱼即可被麻醉。

当给予的麻醉剂过量时，可以注射相应的苏醒剂进行急救。常用的有尼克刹米，可作用于整个中枢神经系统，进行静脉或肌肉注射，剂量为0.2 ~ 0.5 mL/kg。

第二部分

基本型实验

实验 1

蛙类坐骨神经-腓肠肌标本的制备

一、实验目的

（1）掌握蛙类单毁髓和双毁髓实验方法。

（2）掌握坐骨神经-腓肠肌标本的制备方法。

二、实验原理

室温下，两栖类动物的离体组织器官可以在一段时间内保持它们的机能，因此其常被用作生理学研究的实验材料。坐骨神经-腓肠肌标本是从两栖动物后肢取下的坐骨神经及其支配的腓肠肌所制成，用于研究神经冲动和终板信号的传导和传递特性，以及肌肉的收缩机能，是研究神经肌肉生理的最基本的实验材料之一。

三、实验对象与器材

（1）实验对象：蟾蜍或牛蛙。

（2）实验器材：蛙类手术器械（手术剪、手术镊、手术刀、金冠剪、眼科剪、眼科镊）、金属探针（毁髓针）、玻璃分针、解剖盘、蛙板、固定针、锌铜弓（Galvani镊子）、培养皿、滴管、纱布、粗棉线、棉花、任氏液。

四、实验方法与步骤

（一）双毁髓

左手握实验蛙（可用纱布包住实验蛙躯干部），背部向上（图2-1-1甲）。用食指按压其头部前端，拇指压住躯干的背部，使头向前俯；右手持毁髓针，由两眼之间沿中线向后方划触，触及两耳后腺之间的凹陷处为枕骨大孔。将毁髓针由凹陷处垂直刺入，即可进入枕骨大孔。然后将针尖向前刺入颅腔，在颅腔内搅动，捣毁脑组织。如毁髓针确在颅腔内，可感觉到针触及颅骨。此时的动物为单毁髓动物。再将毁髓针退至枕骨大孔，针尖转向后方，与脊柱平行刺入椎管，捣毁脊髓。彻底捣毁脊髓时，可看到实验蛙后肢突然蹬直，然后瘫软，此时为双毁髓动物。如动物仍表现四肢肌肉紧张或活动自由，必须重新毁髓。操作过程中应注意使实验蛙头部向外侧（不要挤压耳后腺），防止耳后腺分泌物射入实验者眼内（如被射入眼内，则立即用生理盐水冲洗眼睛）。

蛙类双毁髓

（二）制备后肢标本

1. 对于较小动物

将双毁髓的实验蛙背面向上放入解剖盘中，左手持手术镊轻轻提起两前肢之间背部的皮肤，右手持手术剪横向剪开皮肤，暴露耳后腺后缘水平的脊柱。用金冠剪横向剪断脊柱（图2-1-1乙），左手持手术镊提起断开的脊柱后端，右手用金冠剪沿脊柱两侧剪开体壁，再剪断下腹壁肌肉，自基部剪断内脏（图2-1-1丙）。然后用蘸有任氏液的左手捏住断开的脊柱后端，右手向后方撕破皮肤（图2-1-1丁），同时弃其头部及内脏。将剥干净的后肢放入盛有任氏液的培养皿中，清洗手及手术器械上的污物。

蛙类皮肤剥离

2. 对于较大动物

将双毁髓实验蛙腹面向上放入解剖盘，左手持手术镊轻轻提起腹壁皮肤，右手持手术剪将皮肤剪开，再剪开腹壁肌肉。然后用手术镊轻轻提起内脏，自基部剪断（勿伤脊神经）。于其前方剪断脊柱，剥皮操作方法同图2-1-1。

注意：操作过程中不可将剥皮的标本同皮肤、内脏等弃物放在一起。

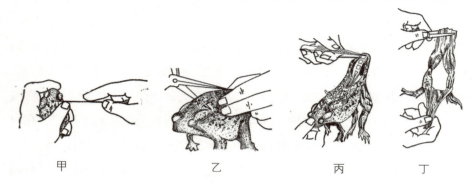

甲：破坏脊髓的方法；乙和丙：剪除躯干前段和内脏；丁：剥掉后肢皮肤。

图 2-1-1　蛙类坐骨神经 - 腓肠肌标本制备（一）

（三）分离两后肢

将剥皮的后肢腹面向上置于玻璃板上，脊柱端在左侧，用左手拇指及食指压住标本的股部两侧肌肉，右手持手术刀于耻骨联合处向下按压刀刃，切开耻骨联合。然后用金冠剪剪开两后肢相连的肌肉组织，并纵向剪开脊柱（尾杆骨留在一侧），使两后肢完全分离，也可不用手术刀切开耻骨联合，而用左手托起标本，右手持金冠剪直接剪开耻骨联合（图 2-1-2）。

注意：操作要十分小心，切勿切断坐骨神经，将分开的后肢，一只继续剥制标本，另一只放入任氏液中备用。

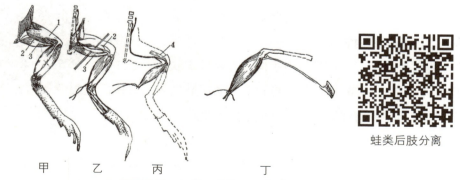

蛙类后肢分离

1. 股三头肌；2. 股二头肌；3. 半膜肌；4. 股骨。

甲：后肢肌肉背面；乙：坐骨神经分离暴露后的位置；丙和丁：坐骨神经 - 腓肠肌标本。

图 2-1-2　蛙类坐骨神经 - 腓肠肌标本制备（二）

（四）分离坐骨神经

将一侧后肢的脊柱端腹面向上，趾端向外侧翻转，使其足底朝上，用固定针将标本固定在蛙板上。用玻璃分针沿脊神经向后分离坐骨神经，股部沿腓肠肌正前方的股二头肌和半膜肌之间的裂缝，找出坐骨神经基部（即与脊神经相接的部位），有一梨状肌盖住神经，用玻璃分针轻轻挑起此肌肉，

坐骨神经－腓肠肌标本制备

便可看清下面穿行的坐骨神经。剪断梨状肌，完全暴露坐骨神经与其相连的脊神经。再用玻璃分针轻轻挑起神经，自前向后剪去支配腓肠肌之外的分支，将坐骨神经分离至腘窝处。用金冠剪剪去脊柱骨及肌肉，只保留坐骨神经发出部位的一小块脊柱骨。取下脊柱端的固定针，用手术镊轻轻提起脊柱骨的骨片，将神经搭在腓肠肌上。

（五）分离股骨头肌肉

左手捏住股骨，沿膝关节剪去股骨周围的肌肉，用金冠剪自膝关节向前刮干净股骨上的肌肉，保留股骨的后 2/3，剪断股骨。

（六）游离腓肠肌

用手术镊在腓肠肌跟腱下穿线，并结扎，提起结扎线，剪断肌腱与胫腓骨的联系，游离腓肠肌。剪去膝关节下部的后肢，保留腓肠肌与股骨的联系，制备完整的坐骨神经－腓肠肌标本。标本应包括坐骨神经、腓肠肌、股骨头和一段脊柱骨四部分（图 2-1-2）。

（七）检验标本

左手持手术镊轻轻提起标本的脊柱骨片，使神经离开玻璃板，右手持经任氏液蘸湿的铜锌弓，使其两极接触神经，如腓肠肌发生收缩，则表示标本机能正常。右手提起腓肠肌的结扎线，轻轻将标本放入任氏液中（切勿使神经受牵拉），稳定 15 ~ 20 min，即可进行实验。

五、注意事项

（1）在制备标本时，不能用金属器械触碰神经干。

（2）分离肌肉时，注意按肌肉的层次进行，不要乱剪；分离神经时，一定要把周围结缔组织剥离干净。

（3）制备标本过程中，要随时用任氏液润湿神经和肌肉，防止干燥。

（4）制备标本的过程中，不能使动物的皮肤和血液等污染神经和肌肉。

六、讨论

（1）剥去皮肤的后肢，能用自来水冲洗吗？为什么？

（2）金属器械碰压、触及或损伤神经及腓肠肌，可能引起哪些不良后果？

（3）如何保持坐骨神经－腓肠肌标本的正常机能？

实验 2

刺激强度和刺激频率对蛙类骨骼肌收缩影响的测定

一、实验目的

（1）分析肌肉单收缩过程。

（2）了解骨骼肌收缩的总和现象。

（3）观察不同刺激强度和频率的刺激引起肌肉收缩形式的改变。

二、实验原理

刺激神经使神经细胞产生兴奋，兴奋沿神经纤维传导，通过神经肌接头的化学传递，使肌肉终板膜上产生终板电位，终板电位可引起肌肉产生兴奋（即动作电位），传遍整个肌纤维，再通过兴奋－收缩耦联使肌纤维中粗、细肌丝产生相对滑动，宏观上表现为肌肉收缩。因此，观察肌肉是否收缩可以判断它是否产生了兴奋。一个刺激是否能使组织产生兴奋，不仅与刺激形式有关，还与刺激时间、刺激强度、强度－时间变化率三要素有关，用方形电脉冲刺激组织，则组织兴奋只与刺激强度、刺激时间有关。用方形电脉冲刺激组织，在一定的刺激时间（波宽）下，刚能引起组织发生兴奋的刺激称为阈刺激，所达到的刺激强度称为阈强度，能引起组织发生最大兴奋的最小刺激，称为最适刺激，相应的刺激强度叫作最适刺激强度；介于阈刺激和最大刺激间的刺激称为阈上刺激，相应的刺激强度叫作阈上刺激强度。肌肉组织对于一个阈上强度的刺激发生一次迅速的收缩反应，称为单收缩，因其收缩过程很短，必须用生理记录仪和张力换能器进行记录。单收缩的过程可分为三个时期：潜伏期、收缩期和舒张期。

两个同等强度的阈上刺激，相继作用于神经－肌肉标本神经干时，如果刺激间隔大于单收缩时程，肌肉则出现两个分离的单收缩；如果刺激间隔小于单收缩的时程，则出现两个收缩反应的重叠，称为收缩的总和。因为肌肉兴奋性的绝对不应期非常短，在一定的时间范围内，两次刺激越靠近，综合收缩的力量越大，收缩曲线的波峰也越高。当同等强度的连续阈上刺激作用于标本时，出现多个收缩反应的融合，称为强直收缩；后一个收缩发生在前一个收缩的舒张期时，出现锯齿形曲线，称为不完全强直收缩；后一个收缩发生在前一个收缩的收缩期末期时，收缩完全融合，肌肉处于持续的收缩状态，称为完全强直收缩。发生完全强直收缩时的最小刺激频率称为临界融合频率。

三、实验对象与器材

（1）实验对象：蟾蜍或牛蛙。

（2）实验器材：蛙类手术器械、肌槽、生理实验系统、张力换能器、培养皿、滴管、任氏液、蛙板、玻璃分针等。

四、方法与步骤

（一）实验准备

制备坐骨神经－腓肠肌标本（见实验1），将其放置任氏液中备用。准备好生理实验系统，将张力换能器固定于支架上并将输出线连接在生理实验系统通道一"输入"孔内。将坐骨神经－腓肠肌标本股骨残端插入肌槽固定孔内，神经搭在肌槽的刺激电极上。将生理实验系统刺激器的输出与肌槽刺激电极相连。将腓肠肌肌腱上的结扎线与张力换能器的金属片相连。线的位置应与水平面垂直并且松紧适当。

（二）刺激强度对肌肉收缩的影响（图2-2-1）

点击"实验"菜单，找到"肌肉神经"栏目中的"刺激强度与反应的关系"项，系统自动设置好实验参数、弹出刺激器对话框，并处于示波状态。先调节好张力换能器的零点，点击系统的开始记录键进入记录状态，再点击刺激器对话框中的"开始刺激"键，刺激器即按幅度递增（从零开始，每发一次刺激，幅度自动递增）的方法自动产生刺激。在屏幕上可以观察到，当刺激增至某强度时，肌肉开始轻微收缩，此时刺激强度即阈强度，刺激为阈刺激。此后随刺激的逐步增强收缩幅度逐步增大，当刺激强度达到某一数值时，肌肉收缩曲线不再随强度增大而增高。此时的刺激为最适刺激，肌肉收缩为最大收缩。点击停止记录键，再点击刺激器对话框中的"停止刺激"键。整个实验过程的波形被记录下来。此时系统处于分析状态，可以利用系统的分析工具对波形进行测量和分析，如需保存波形，在退出系统前应保存文件。在分析过程中可利用系统显示界面下方的滚动条沿水平方向拖动图形。如需手动完成实验，可在刺激器对话框中将刺激方式设为单刺激，并手动调节刺激强度及发送刺激脉冲。

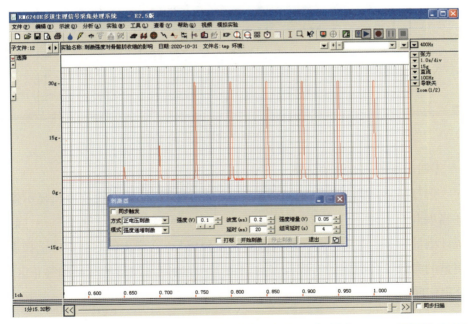

图 2-2-1　刺激强度对骨骼肌收缩的影响（本实验条件下，阈强度 0.65 V，顶强度 0.8 V）

（三）刺激频率对肌肉收缩的影响（图2-2-2）

单击"肌肉神经"栏目中的"刺激频率与反应的关系"项，并选择典型实验项（系统自动按1、2、4、8、16、32 Hz的频率间歇发送刺激脉冲）或常规实验项（系统从1 Hz开始自动按2 Hz的频率增量间歇发送刺激脉冲），系统即自动设置好实验参数。示波、记录和分析方法同（二）。

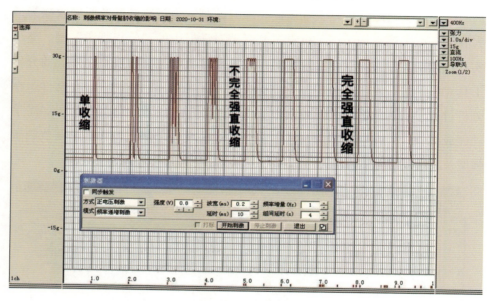

图2-2-2　刺激频率对骨骼肌收缩的影响

（四）单收缩波形的分析

选择最适刺激强度，记录单收缩波形，调整扫描速度使波形在显示器上适当展开，以便进行波形测量与分析。点击标尺及处理区"选择"→"静态统计测量"→"张力"→"肌肉收缩单波分析"，在弹出的对话框内选择需要测量的参数（各时期的时程及张力增量），准确点选波形的起始和终止区间，获得区间内测量数据。

五、注意事项

（1）动物实验时，肌肉在未给刺激时即出现挛缩，是漏电等原因引起的，需检查仪器接地是否良好。

（2）做肌肉最大收缩时，刺激强度不宜太大，否则会损伤神经。

（3）离体坐骨神经－腓肠肌标本制备完成后需在任氏液中先浸泡一定时间。

（4）在肌肉收缩后，应让肌肉休息一定时间再做下一次刺激。

（5）实验过程中保持换能器与标本连线的张力不变。

六、思考题

（1）单收缩过程中的潜伏期包括哪些生理过程？

（2）在一定的刺激强度范围内，为什么肌肉收缩的幅度会随着刺激强度的增大而增大？

（3）不完全强直收缩与完全强直收缩是如何引起的？

（4）为什么刺激频率增高肌肉收缩的幅度也增大？

（5）连续电刺激神经，坐骨神经－腓肠肌标本会出现疲劳现象吗？为什么？

（6）为什么在实验中悬线要尽量垂直？

实 验 3

蛙类反射弧分析与脊髓反射特征的观察

一、实验目的

（1）掌握测定反射时的方法，了解刺激强度与反射的关系。

（2）了解反射弧的组成。

（3）观察搔扒反射、屈肌反射和对侧伸肌反射现象。

（4）掌握蛙类脊髓反射特征。

二、实验原理

反射时是指从刺激开始到机体产生反应为止所需的时间，其组成包括感受器兴奋的潜伏期、兴奋在神经纤维上的传导时间、中枢延搁、神经－肌肉接头的兴奋传递、肌肉的兴奋收缩偶联等过程。多突触反射时长于单突触反射时。

在一定的刺激范围内刺激愈强，反射时愈短；刺激愈弱，反射时愈长。完整的反射弧是反射的结构基础，包括感受器、传入神经、神经中枢、传出神经和效应器五个部分（图2-3-1），反射弧的任何一部分缺损，原有的反射不再出现。

中枢神经系统活动的基本方式是反射，脊髓是中枢神经系统的最低级部位，它的反射机能最简单，便于观察，因而选用脊蛙作为实验对象。

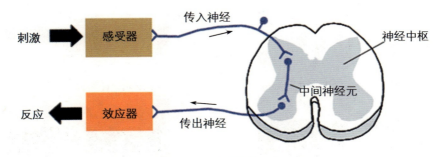

图 2-3-1　反射弧结构简图

三、实验对象与器材

（1）实验对象：蟾蜍或牛蛙。

（2）实验器材：蛙类手术器械、刺激器、万能支架、蛙嘴夹、蛙板、蛙腿夹、小烧杯、小玻璃皿、滤纸、棉花、秒表、纱布、1%及2%的硫酸溶液、1%可卡因或2%的普鲁卡因溶液、纯净水。

四、方法与步骤

（一）反射时的测定与反射弧的分析

（1）制备脊动物，检验是否存在搔扒反射、屈肌反射和对侧伸肌反射（图2-3-2）。

（2）将脊动物俯卧固定在蛙板上，剪开右侧股部皮肤，分离肌肉和结缔组织，暴露坐骨神经，在神经下穿线备用。

（3）用蛙嘴夹夹住脊动物的下颌，悬挂于支架上（图2-3-3）。

（4）将脊动物右后肢的最长趾浸于1%的硫酸溶液2～3 mm（浸入时间最好不超过10 s），同时揿动秒表，当出现屈肌反射时，立即停止计时，此为屈反射时。立即用清水冲洗受刺激的皮肤并用纱布擦干。重复测定屈反射时3次，求出平均值作为右后肢最长趾的反射时。用同样方法测定左后肢最长趾的反射时，休息3～5 min。

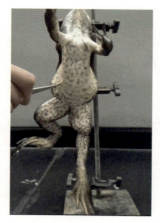 

图 2-3-2　实验蛙屈肌反射和对侧伸肌反射　　图 2-3-3　蛙类反射弧分析图例

（5）用 2% 的硫酸溶液分别测两后肢最长趾的屈反射时 3 次，休息 3 ~ 5 min。

（6）用手术剪自右后肢最长趾基部环切开皮肤，然后再用手术镊剥净长趾上的皮肤。用 2% 的硫酸溶液刺激去皮的长趾，记录结果，洗净长趾。

（7）改换右后肢有皮肤的蛙趾，将其浸入 2% 的硫酸溶液中，测定反射时。记录结果，洗净蛙趾。

（8）将一浸有 1% 的硫酸溶液的滤片纸，贴于脊动物右侧背部或腹部，记录擦或抓反射的反射时。用蘸清水的棉球擦洗贴滤纸片处皮肤，并用干棉球擦干。

（9）将一细棉条包住分离出的坐骨神经，在细棉条上滴几滴 2% 的普鲁卡因或 1% 的可卡因溶液后（记录加药时间），每隔 2 min 重复 1 次步骤（7）。

（10）右后肢屈反射刚刚不能出现时（记录此时的时间），立即重复步骤（8）。每隔 2 min 重复 1 次步骤（8），直至擦或抓反射不再出现为止（记录此时时间）。记录加药至屈反射消失的时间及加药至擦反射或抓反射消失的时间，并记录反射时的变化。

（11）将左后肢最长趾再次浸入 2% 的硫酸溶液中，条件同步骤（5）记录屈反射时变化。

（12）用毁髓针毁坏脊髓，重复步骤（5）和步骤（8），记录结果。

（二）脊髓反射特征的观察

（1）正常反射时的测定：用 1% 的硫酸溶液刺激实验蛙趾，重复 3 次，求出平均反射时。

（2）反射作用的抑制：先用镊子夹住实验蛙大腿根部的皮肤或者一侧前肢，待其不动后，再将后肢浸在 1% 的硫酸溶液中，重复 3 次，求出平均反射时，与前一个实验相比较，反射时是否延长。

（3）脊髓内兴奋过程的扩散：用镊子轻轻夹住实验蛙左趾时，仅有左趾动；力量加强时，左右两趾均动；力量更强时，全身都动；在前肢皮肤某处逐渐加大刺激强度，观察反应程度。

（4）刺激总和：单个阈下刺激作用于实验蛙后肢，不产生兴奋，采用同样的刺激强度，连续多次刺激，发现产生收缩；以同样的强度同时刺激后肢两处皮肤，观察效果。

（5）后放作用：当实验蛙的后肢受到阈上电刺激后，引起反射活动，观察当刺激停止后，反射活动是否立即停止。

（6）脊髓在维持肌紧张中的作用：用探针毁掉脊髓，观察实验蛙后肢肌肉的状态。

五、注意事项

（1）每次实验时，要使皮肤接触硫酸溶液的面积不变，以保持相同的刺激面积（强度）。

（2）每次刺激后，一定要用清水清洗蛙趾并揩干，以保护皮肤，并防止其冲淡溶液。

（3）操作要迅速、简洁，及时记录结果。

六、讨论

（1）根据实验结果，分析刺激强度与反射时的关系。

（2）根据实验结果，说明反射弧的几个组成部分及其所起的作用。

实 验  4

蛙类一侧迷路破坏效应的观察

一、实验目的

（1）掌握损毁蛙类迷路的方法。

（2）观察迷路与蛙类姿势的关系。

二、实验原理

动物的内耳迷路是姿势反射的感受器之一，当其一侧迷路被破坏后可见蛙类肌紧张及姿势异常，从而了解迷路在维持姿势平衡和正常运动中的作用。

三、实验对象与器材

（1）实验对象：蟾蜍或牛蛙。

（2）实验器材：蛙类手术器械、纱布、棉球。

四、方法与步骤

（1）将实验蛙放在解剖台上，观察其正常姿势和运动行为。

（2）用纱布包住实验蛙躯干部，使其腹面向上握于左手中，翻开下颌用左手拇指压住。用手术剪沿颅底中线剪开黏膜（勿损伤中线两侧血管），向两侧分离，可看到"十"字形的副蝶骨。迷路位于副蝶骨横突的左右两旁。用手术刀削去薄薄一层骨质，可看到小米粒大的白点，此处即内耳囊。将毁髓针刺入内耳囊 2 ~ 3 mm，转动针尖，搅毁其中的迷路。

（3）损毁迷路几分钟后，观察实验蛙的姿势和运动，与正常比较有何不同。

五、思考题

通过实验说明蛙类迷路的机能。

实 验 5

蛙类拮抗肌交互抑制现象的观察

一、实验目的

观察蛙类拮抗肌活动时的交互抑制现象，并证明这种现象的生理基础是反射中枢活动的协调。

二、实验原理

腓肠肌和胫前肌是一对拮抗肌。冲动传入中枢引起支配一侧后肢的腓肠肌的运动神经元兴奋时，腓肠肌收缩，同时支配胫前肌的运动神经元抑制，胫前肌舒张，后肢屈曲。

三、实验对象与器材

（1）实验对象：蟾蜍或牛蛙。

（2）实验器材：蛙类手术器械、生理信号采集系统、刺激电极、蛙板、蜡盘、任氏液。

四、方法与步骤

（1）制备脊蛙，将其腹位固定于蛙板上。在一侧后肢膝关节处做一环形切口，剥去小腿皮肤。

（2）胫前肌是一条细长的肌肉，位于胫骨的前方，具有一条狭长的肌腱，起自股骨的梢端。末端肌腱分为两个部分，即有两个附着点，分别插在距骨和跟骨的基端。将两个附着点的肌腱游离，穿线结扎后剪断，其外侧附着点的肌腱与血管和神经伴行，应将血管和神经一起结扎剪断。提起肌腱的结扎线，将胫前肌分离出来。

（3）将腓肠肌的肌腱结扎后剪断，把整块肌肉分离出来。

（4）用固定针固定实验蛙的髋关节和膝关节后，将腓肠肌和胫前肌的肌腱结扎线分别连接到张力换能器。

（5）用较强的连续脉冲（约20 V）刺激实验蛙的泄殖腔外口两侧皮肤或尾杆骨两侧的皮肤，描记腓肠肌收缩与胫前肌舒张的曲线。

五、注意事项

（1）胫前肌的内侧面有神经与血管的分支，分离该肌肉时注意不要损伤神经和血管的分支。

（2）描记拮抗肌收缩与舒张曲线时，两块肌肉要分开，避免互相影响。

（3）实验过程中要注意固定动物的髋关节和膝关节，并要经常用任氏液湿润肌肉和背部皮肤，尤其是接受刺激部位的皮肤，以免干燥而影响机能。

六、思考题

（1）所描记的拮抗曲线，为什么收缩曲线的振幅大于舒张曲线的振幅？

（2）为什么刺激实验蛙的背部皮肤或泄殖腔外口两侧皮肤会引起拮抗肌的活动而产生交互抑制？

（3）试用另一对拮抗肌进行实验，找出产生交互抑制的条件。

实 验 6

蛙类中枢抑制现象的观察

一、实验目的

（1）学习蛙类开颅的方法。

（2）观察中枢抑制现象。

二、实验原理

中枢神经系统的高级部位对低级部位的反射活动不但有兴奋作用，而且有抑制作用。这种抑制作用保证了中枢神经系统的多样性和协调性。中枢抑制现象又称谢切诺夫抑制。

三、实验对象与器材

（1）实验对象：蟾蜍或牛蛙。

（2）实验器材：蛙类手术器械、蛙嘴夹、蛙腿夹、蛙板、支架、小烧杯、小玻璃皿、滴管、纱布、棉球、0.5%的硫酸溶液、食盐结晶粒、任氏液、水。

四、方法与步骤

（1）将实验蛙腹位固定在蛙板上，用手术刀沿头部中线切开皮肤，再用手术镊自切口向两侧分开，剪去颅顶上的皮肤。用金冠剪自鼻孔向后小心打开颅骨，去掉脑膜，暴露脑组织。观察脑的各部分，用手术刀在间脑处做一横切，除去大脑。去掉蛙腿夹，将实验蛙悬挂在支架上。待其安静后进行实验。

（2）测定此时右后肢最长趾的平均反射时作为对照。

（3）用小棉球吸干脑断面的液体，将一小米粒大小的食盐粒放在间脑断面上，并立即测右后肢最长趾反射时，观察反射时有何变化。待反射时明显延长后，移去食盐粒，用任氏液冲洗断面，并用棉球吸干。隔 2 min 后再测定反射时，观察是否恢复。如放食盐结晶粒后，动物四肢僵直，则应立即除去食盐，用任氏液冲洗断面。待反射时稳定后，再重复上述实验。

五、注意事项

每次测反射时应保持刺激强度不变。

六、思考题

食盐结晶粒放在间脑断面后反射时发生什么变化？反射时延长说明什么问题？

实 验 7

人体视野与盲点的测定

一、实验目的

（1）学习视野计的使用方法和视野的检查方法。

（2）证明盲点的存在，并计算盲点所在的位置和范围。

二、实验原理

视野是单眼固定注视正前方一点时所能看到的空间范围，借此可了解整个视网膜的感光功能，并有助于判断视觉传导通路及视觉中枢的机能。正常人的视野范围鼻侧和额侧较窄，颞侧与下侧较宽。在相同亮度下，白色视野最大，红色次之，绿色最小。视神经离开视网膜的部位没有视觉感受细胞，外来光线成像于此不能引起视觉，故称为盲点。由于盲点的存在，视野中也必然存在盲点的投射区域。根据物体成像规律，通过测定盲点投射区域的位置和范围，可以依据相似三角形各对应边成正比的定理，计算出盲点所在的位置和范围。

三、实验对象与器材

（1）实验对象：人。

（2）实验器材：视野计，白、红、黑及绿视标，视野图纸，白纸，铅笔，尺子，遮眼板。

四、方法与步骤

（一）视野测定

（1）观察视野计的结构并熟悉使用方法。视野计的样式颇多，最常用的是弧形视野计。它是一个安在支架上的半圆弧形金属板，可绕水平轴旋转360°。圆弧上有刻度，表示由该点射向视网膜周边的光线与视轴之间的夹角。视野界限即以此角度表示。在圆弧内面中央装一个固定的小圆镜，其对面的支架上附有可上下移动的托颌架。实验时，受试者的下颌置于托颌架上。托颌架上方附有眼眶托，测定时附着受试者眼窝下方。此外，视野计附有各色视标，测定各种颜色的视野时使用。

（2）在明亮光线下，受试者下颌放在托颌架上，眼眶下缘靠在眼眶托上，调整托架高度，使眼与弧架的中心点在同一水平。遮住一眼，另一眼凝视弧架中心点，进行测试。

（3）实验者从周边向中央缓缓移动紧贴弧架的白色视标，直至受试者刚能看到为止。记下此时视标所在部位的弧架上所标的度数。退回视标，重复测试一次，待得出一致结果后，将结果标在视野图的相应经纬度上。同法测出对侧的度数。

（4）将弧架依次转动45°角，重复上述测定，共操作4次得8个度数，将视野图上的8个点依次相连，便得出白色视野的范围。

（5）按上述方法分别测出该眼的红、绿色视野。

（6）同法测出另一眼的白、红、绿色视野。

（二）盲点测定

（1）将白纸贴在墙上，受试者立于纸前50 cm处，用遮眼板遮住一眼，在白纸上与另一眼相平的地方用铅笔划一"+"。令受试者注视"+"。实验者将视标由"+"中点向被测眼颞侧缓缓移动，当受试者刚看不见视标时，在白纸上记下视标所在位置。然后将视标继续向颞侧缓缓移动，直至又看见视标时记下其位置。由所记两点连线之中点起，沿着各个方向向外缓移视标，找出并记录各方向视标刚能被看见的各点，将其依次相连，即得一椭圆形盲点投射区域。

（2）根据相似三角形各对应边成正比定理，可计算出盲点与中央凹的距离及盲点直径。即：

$$\frac{盲点与中央凹的距离}{盲点投射区至 "+" 的距离} = \frac{节点与视网膜的距离（\fallingdotseq 15\ mm）}{节点到白纸的距离（\fallingdotseq 500\ mm）}$$

即：

盲点与中央凹的距离＝盲点投射区至 "+" 的距离 $\times \dfrac{15}{500}$（mm）

又由于

$$\frac{盲点直径}{盲点投射区直径} = \frac{节点与视网膜的距离（\fallingdotseq 15\ mm）}{节点到白纸的距离（\fallingdotseq 500\ mm）}$$

所以：

$$盲点直径＝盲点投射区直径 \times \frac{15}{500}（mm）$$

五、思考题

（1）一患者左眼颞侧视野、右眼鼻侧视野发生缺损，试判断其病变的可能部位。

（2）夜盲症患者的视野将会发生如何变化？为什么？

（3）试述测定盲点与中央凹的距离和盲点直径的原理。

鱼类溶血和凝血的测定

一、实验目的

（1）测定红细胞膜对低渗溶液的渗透抵抗力，即正常动物红细胞的渗透脆性。

（2）了解血液凝固的基本过程及加速和延缓血液凝固的一些因素。

二、实验原理

正常状态下红细胞悬浮于等渗的血浆中，若置于高渗溶液，红细胞则失去水分而变得皱缩；反之，在低渗溶液中，细胞膨胀，破裂溶解，形成溶血。红细胞的脆性实验就是测定红细胞对低于0.9%的氯化钠溶液的耐受能力，耐受能力高，红细胞不容易破碎，脆性低；反之，耐受能力低者，红细胞易于破碎，脆性高。红细胞置于系列浓度低渗溶液中，若上层溶液开始微微呈淡红色，绝大多数红细胞下沉，则为开始溶血；如果溶液呈现均匀红色，管底无红细胞下沉，称为完全溶血。

血液流出血管之后，迅速发生凝固。血液凝固是一系列复杂的生物化学过程，分成三个步骤：凝血酶原激活物的形成；凝血酶原激活物催化凝血酶原转化为凝血酶；凝血酶催化纤维蛋白原转变为纤维蛋白，形成血块。在这三个步骤中都有钙离子的参与。血液凝固可以分为内源性凝血系统和外源凝血系统，前者是指参与凝血的因子存在于血浆中，后者是指在组织因子的参与下完成血液凝固过程。

三、实验对象与器材

（1）实验对象：牙鲆或鲫鱼。

（2）实验器材：试管，试管架，吸管，新鲜血液，1%的氯化钠溶液，手术器械，小烧杯2个，带橡皮条的玻璃棒（或竹签），秒表，棉花，液状石蜡，肝素，麻醉剂（M222）。

四、方法与步骤

（一）红细胞渗透脆性

（1）尾静脉采血：首先将鱼类麻醉（M222），选取合适的注射器（干净注射器可以不加肝素等抗凝剂），从尾柄腹面斜向上方插入脊椎骨的血管棘之间，刺破静脉。轻轻拉动注射器产生负压，血液便可以徐徐进入针管。

（2）先将试管分别排在试管架上，按照表2-8-1将1%的氯化钠溶液稀释成不同浓度的低渗溶液，每个管内溶液均为2 mL。

表2-8-1　低渗溶液稀释度表

管号	1	2	3	4	5	6	7	8	9	10
1%氯化钠/mL	1.40	1.30	1.20	1.10	1.00	0.90	0.80	0.70	0.60	0.50
蒸馏水/mL	0.60	0.70	0.80	0.90	1.00	1.10	1.20	1.30	1.40	1.50
氯化钠/%	0.70	0.65	0.60	0.55	0.50	0.45	0.40	0.35	0.30	0.25

（3）采取血液，并在上列各个管中加入大小相等的血液1滴，然后用拇指堵住试管口，将试管慢慢倒置一两次，使血液与管内盐水混合均匀。

（4）在室温中静置1 h，观察结果。

（5）依据上述说明，判断开始溶血和完全溶血的氯化钠溶液浓度，前者为红细胞的最小抗力，后者为红细胞的最大抗力。

（二）血液凝固

（1）凝血时的观察：血液流出到凝固所需要的时间。

（2）血液凝固的加速和延缓：取7个干的小试管和1个小烧杯，按照表

2-8-2 准备实验条件。每个试管迅速放入血液 1 mL，每 30 s 倾斜试管一次，观察血液凝固是否发生，直至血液不再流动为止。记录血液的凝固时间。

表 2-8-2 血液凝固实验条件及其结果记录表

管号	实验条件	凝血时间	解释
1	正常情况		
2	少许棉花放入试管底部		
3	用液体石蜡涂抹试管内表面		
4	放在冰浴中		
5	在烧杯中用竹签搅拌		
6	放入肝素抗凝剂		

五、注意事项

（1）配制的低渗溶液必须准确。

（2）各个试管中加入的血液滴大小尽量相等并充分摇匀，不要用力过大。

（3）取血时避免血液凝固和溶血。

人体血型的测定

一、实验目的

（1）掌握血型的测定方法。

（2）观察红细胞凝集现象，掌握ABO血型鉴定的原理。

二、实验原理

　　血型通常是指红细胞膜上特异性抗原的类型，ABO血型系统和Rh血型系统是最具临床意义的血型系统。ABO血型系统是根据红细胞膜上是否存在凝集原A和凝集原B可将血液区分为A、B、AB、O四种血型。Rh血型阳性和阴性的区分以红细胞膜上D抗原的有无来判断。红细胞膜上的A抗原与另一人体内血浆中的抗A抗体相遇或B抗原与抗B抗体相遇时会发生红细胞凝集反应，用已知含抗A凝集素和抗B凝集素的诊断血清分别与被测者的红细胞混合，根据是否发生红细胞凝集反应判断红细胞所含的凝集原以鉴定血型。

三、实验对象与器材

　　（1）实验对象：人。

　　（2）实验器材：一次性采血针，消毒牙签，酒精棉球，抗A和抗B血清，双凹载玻片。

四、方法与步骤

（1）取一块清洁载玻片，用笔画上记号，左上角写A，右上角写B。

（2）用小滴管吸B型标准血清（抗A）一滴加入左侧，用另一小滴管吸A型标准血清（抗B）一滴加入右侧，两滴管切勿混用。

（3）用酒精棉球消毒手指，然后刺破手指取血，载玻片的每侧各滴入一小滴血，用牙签搅拌，使每侧抗血清和血液混合，每边专用一支牙签，切勿混用。

（4）室温下静置10～15 min后，观察有无凝集现象。假如只是A侧发生凝集，则血型为A型；若只是B侧发生凝集，则为B型；若两边均凝集，则为AB型；若两边均未发生凝集，则为O型（图2-9-1）。这种凝集反应的强度因人而异，所以有时需借助显微镜才能确定是否出现凝集。

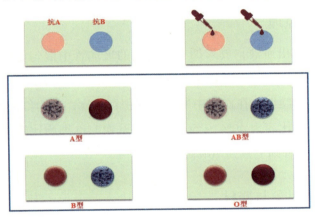

图2-9-1 红细胞凝集实验

五、注意事项

（1）试管和载玻片要编号，以免混淆。

（2）判断红细胞凝集，需要足够的时间。如室温太低，需延长观察时间，或将载玻片放入37℃培养箱中。

六、思考题

根据自己的血型，分析你能接受何种血型的血液和能输血给何种血型的人。

实 验 10

人体红细胞比容的测定

一、实验目的

学习测定红细胞比容的方法。

二、实验原理

从血管中抽出血液，放入加有抗凝剂的玻璃管中混匀。经离心沉淀后，管中的血液分为两层：上层是淡黄色的透明血浆；下层是挤压得很紧的呈暗红色的红细胞。红细胞在血液中所占的容积百分比，称为红细胞比容。健康成年人的红细胞比容为 40% ~ 50%。严重贫血时红细胞比容可下降至 15%，红细胞增多症患者则上升到 70%。

三、实验对象与器材

（1）实验对象：人。

（2）实验器材：刺血针、离心机、酒精棉球、草酸盐抗凝剂。

四、方法与步骤

（1）配制草酸盐抗凝剂：草酸铵 1.2 g、草酸钾 0.8 g、40% 的甲醛溶液 1 mL，加蒸馏水至 100 mL。毛细管中吸入 0.1 mL 抗凝剂溶液，待溶液水分自然蒸发或稍加温烘干后备用。

（2）采血：用酒精棉球消毒刺血针针刃，旋转螺旋鞘，调节针刃长度为

2 ～ 3 mm，将另一端的拉手拉出，用侧面的闭锁机将其固定，外露的针刃亦被拉入螺旋鞘内，即可使用。通常多用耳垂边缘或左手无名指指端部位采血。采血前，先用酒精棉球擦拭采血部位，进行消毒。待酒精挥发后，即可将准备好的刺血针的螺旋鞘尖端紧压采血部位，迅速以拇指按动闭锁机，针刃即可借弹簧的力量射出，刺破皮肤。不要用力挤压，让血液自动流出。用干棉球将第一滴血擦去，待第二滴血流出较多时，用抗凝剂处理的毛细管末端接触血滴，握管于水平位置，让血液流入管内，直至充满管的 3/4。

（3）用密封剂把毛细管的一端封住，形成一塞子，然后将毛细管的塞子向上放入离心机中，调节离心机的转速为 3 000 r/min，离心 5 min。

（4）离心后，测定红细胞柱的高度（mm）及细胞加血浆的高度，然后计算比容。

$$比容（\%）＝\frac{红细胞的高度（mm）}{红细胞＋血浆高度（mm）}×100$$

五、思考题

（1）测定红细胞比容有哪些实际意义？

（2）吸血入毛细管时如何防止有气泡？

人体红细胞沉降率的测定

一、实验目的

学习测定红细胞沉降率的方法。

二、实验原理

血液加抗凝剂后，吸入血沉降管内后静置 1 h，观察红细胞下沉的毫米数，即红细胞沉降率。它是以血浆层的高度来决定，血浆层越高，表示沉降率越快。红细胞沉降率的正常标准，随测定方法而异。如成年人血液的正常沉降率：男 5 ~ 10 mm/h、女 6 ~ 12 mm/h（潘氏微量法）。红细胞的沉降明显分成形成串状红细胞簇、迅速下沉及最后聚集三个时期。串状红细胞簇是红细胞叠连成的，红细胞的形态未引起异常。红细胞的大小和数目影响聚集期。贫血症患者的沉降率增加；红细胞增多症患者的沉降率减少；月经及怀孕期的沉降率比正常值高。

三、实验对象与器材

（1）实验对象：人。

（2）实验器材：刺血针、酒精棉球、血沉降管、血沉降管架、小表面皿、5%的柠檬酸钠溶液。

四、方法与步骤（潘氏微量法）

（1）血沉降管的刻度由上至下为 0 ~ 100 mm，内径 1 mm，容积约 0.15 mL。刻度"0"处有"K"标志，50 mm 处有"P"标志。血沉降管使用前先用 5% 的柠檬酸钠溶液冲洗一次。

（2）吸 5% 的柠檬酸钠溶液至刻度"P"处，吹入小表面皿中。

（3）穿刺手指或耳垂采血时，擦去第一滴血，将血沉降管两次取血至刻度"K"处，迅速吹入有抗凝剂的小表面皿中，充分混合。

（4）以血沉降管吸取小表面皿中混匀的抗凝血液至"K"处，擦净管尖血液，直立并固定于血沉降管架上。

（5）1 h 后观察结果，记录血沉降管中血浆层的高度。

五、思考题

（1）引起红细胞沉降的原理是什么？

（2）论述影响红细胞沉降率的各种因素。

实 验 12

鱼类血红蛋白含量的测定

一、实验目的

掌握比色法测定血红蛋白含量的方法。

二、实验原理

测定血红蛋白含量的方法很多，实验常用比色法。其原理是在一定量的血液中，血红蛋白经少量盐酸的作用，使亚铁血红素变成高铁血红素，呈现较稳定的棕色。用水稀释后与标准色比较，求出每 100 mL 血液中所含的血红蛋白克数。

三、实验对象与器材

（1）实验对象：牙鲆或鲫鱼。

（2）实验器材：血红蛋白计（包括标准比色架，架的两侧镶有两个棕色标准玻璃色柱；血红蛋白稀释管，有方形也有圆形的，两侧有刻度，一侧以 g 为计数单位，对侧以百分率计，按我国情况，是以每 100 mL 血液内含血红蛋白 14.5 g 为 100%；20 mm³ 血红蛋白吸管，还有玻璃棒、滴管），0.1 mol/L 的盐酸溶液，注射器，凹玻片，滤纸片，酒精棉球，乙醚，95%（体积分数）的酒精，蒸馏水，抗凝剂。

四、方法与步骤

（1）准备盐酸：用滴管加 0.1 mol/L 的盐酸溶液于血红蛋白稀释管内，到刻度"10"处。

（2）采血：采用尾静脉采血法取实验鱼血并将抽取的血液放入抗凝剂处理的凹玻片内，然后用血红蛋白吸管的尖端接触血滴，吸血至刻度"20"处（0.02 mL）。

（3）反应：用滤纸片或棉球擦净吸管口周围的血液，将吸管插入血红蛋白稀释管的盐酸内，轻轻吹出血液至管底部，反复吸入并吹出稀释管内上层的盐酸，洗涤吸管多次，使吸管内的血液完全洗入稀释管内。摇匀或用小玻璃棒搅匀后，放置 10 min，使盐酸与血红蛋白充分作用。

（4）比色：把稀释管插入标准比色架两色柱中央的空格中，使无刻度的两侧面位于空格的前后方，便于透光和比色。

（5）记录：用滴管向稀释管内逐滴加入蒸馏水（每加一滴要搅拌），边滴边观察颜色，直至颜色与标准玻璃色柱相同为止。稀释管上液面的刻度读数即为每 100 mL 血液血红蛋白的克数。

五、注意事项

（1）吹血液入稀释管及洗净吸管时，不宜用力过猛。

（2）蒸馏水需逐滴加入，多做几次比色，以免稀释过量。每次比色时，应将搅拌用的玻璃棒取出，以免影响比色。

（3）由于操作过程过长而造成吸管内血液凝固，堵塞管孔时，则要按下列顺序用溶液重复冲洗吸管，即用水→95%的酒精→乙醚或丙酮。

六、思考题

（1）血液中血红蛋白的含量是否能反映机体的健康状况？为什么？

（2）测定血红蛋白含量的实际意义是什么？

实 验 13

人体出血时间及凝血时间的测定

一、实验目的

学习测定出血、凝血时间的方法。

二、实验原理

出血时间是指从出血时至血液在创口停止流出时所需的时间，用以检查凝血过程是否正常。凝血时间是指从血液流出体外至凝固所需的时间，用以检查血凝过程的快慢。

三、实验对象与器材

（1）实验对象：人。

（2）实验器材：刺血针，秒表，小滤纸条，酒精棉球，碘酒，毛细玻璃管（长约 10 cm，内径 0.8 ～ 1.2 mm）。

四、方法与步骤

（1）出血时间的测定：用酒精棉球将指尖皮肤消毒，再用无菌干棉球擦干。用刺血针刺手指 2 ～ 3 mm 深，让血流自然流出，勿用手挤压。从针刺后开始每隔 0.5 min 用滤纸吸去血滴一次，直到血流停止，计数血滴可推算出血时间。通常第一滴血的直径为 1 ～ 2 cm。此法测定的正常出血时间值为 1 ～ 3 min。

（2）凝血时间的测定：用毛细管法测定。用刺血针刺破指尖，让血自然流出，擦去第一滴血。用毛细玻璃管吸取第二滴血，直至充满管腔为止，立即记录时间。每隔 0.5 min 折断毛细玻璃管一小段（5 ~ 10 mm），直至两段毛细玻璃管之间有血丝连接时，表示血液已经凝固，此段时间即为凝血时间。此法测定的凝血时间正常值为 2 ~ 7 min。

五、注意事项

毛细玻璃管两端用胶泥封闭，置于 37℃水浴中，以保持温度恒定。

六、思考题

（1）血液从伤口流出，为什么会凝固？

（2）测定出血与凝血时间有何实际意义？

实验 14

蛙类心脏起搏点与心室期外收缩和代偿间歇的观察

一、实验目的

（1）学习暴露蛙类心脏的方法，熟悉心脏的结构。

（2）观察心脏各部分自动节律性活动的时相及频率。

（3）观察心室在收缩活动的不同时期对额外刺激的反应。

（4）了解心肌兴奋性的变化及代偿间歇的发生机制。

（5）掌握心脏活动的描记方法。

二、实验原理

心肌在没有外来刺激的条件下，具有自动地、有节律性地产生兴奋的能力或特性，称为心肌细胞的自动节律性（简称自律性）。自律性的评价指标是自动兴奋频率的高低，在心脏的特殊传导系统中，自律性高低依次为窦房结细胞＞房室交界和房室束＞浦肯野纤维。窦房结细胞自律性最高，其他自律细胞在自动除极尚未达到阈电位之前，来自窦房结的兴奋就抢先刺激了它们并产生动作电位，使其自身的自律性不能表现出来，窦房结成为心脏活动的正常起搏点，并按照一定顺序传播，使其他部位的自律组织产生与窦房结一致的节律性活动。也就是说，正常情况下，其他自律细胞均服从于窦房结的兴奋节律性，只起到传导兴奋的作用，不表现自身节律性，称为潜在起搏点。如果窦房结的兴奋下行受阻，或潜在起搏点自律性升高，潜在起搏点的节律性才表现出来。

两栖类动物的心脏为两心房、一心室，心脏的起搏点为静脉窦。静脉窦的节律性最高，其次是心房、心室。正常情况下，心脏活动的节律性服从于静脉窦的节律，心房、心室具有潜在起搏点。本实验采用结扎法将来自静脉窦的节律阻断，观察各潜在起搏点的节律性。

心肌的机能特征之一是具有较长的不应期，绝对不应期几乎占整个收缩期，在心室收缩期给以任何刺激，心室都不发生反应。在心室舒张期给以单个刺激，则产生一次正常节律以外的收缩反应，称为期外收缩。期外收缩也有绝对不应期，因此，当静脉窦传来的正常节律性兴奋恰好落在期外收缩的收缩期时，心室不再发生反应，待静脉窦传来下一次兴奋才能发生收缩反应，因此，在期外收缩以后，就会出现一个较长时间的间歇期，称为代偿间歇。

三、实验对象与器材

（1）实验对象：蟾蜍或牛蛙。

（2）实验器材：蛙类手术器械、蛙板、蛙心夹、刺激电极、生理实验系统、张力换能器、橡皮泥或电极支架、滴管、任氏液。

四、实验步骤

（一）暴露心脏

取实验蛙一只，双毁髓后背部固定于蛙板上，左手持手术镊提起胸骨后方的皮肤，右手持金冠剪剪开一个小口，然后将剪刀由开口处伸入皮下，向左、右两侧下颌骨方向剪开皮肤。将皮肤掀向头端，再用手术镊提起胸骨后方的腹肌，在腹肌上剪一口，将金冠剪紧贴胸壁伸入胸腔（勿伤及心脏和血管），沿皮肤切口方向剪开胸壁，剪断左、右乌喙骨和锁骨，使创口呈一倒三角形。左手持眼科镊，提起心包膜。右手用眼科剪剪开心包膜，使心脏暴露。

蛙心暴露

（二）观察心脏的结构

从心脏的腹面（图 2-14-1）可以看到一个心室，其上方有两个心房，房室之间有房室沟，心室右上方有动脉圆锥，是动脉根部的膨大。动脉干向上分成左、右两分支，用玻璃分针将心室翻向头侧，可以看到心脏背面有节律搏动的静脉窦（图2-14-2）。在心房与静脉窦之间有一条白色半月形界线，称为窦房沟，前、后腔静脉与左、右肝静脉的血液流入静脉窦。

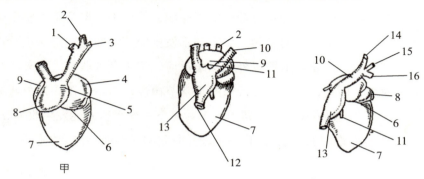

1. 颈总动脉；2. 大动脉；3. 肺皮动脉；4. 左心房；5. 主动脉干；6. 房室沟；7. 心室；
8. 主动脉球；9. 右心房；10. 前腔静脉；11. 肺静脉；12. 后腔静脉；13. 静脉窦；14. 外头静脉；15. 无名静脉；16. 锁骨下静脉。

图 2-14-1　蛙类心脏外观结构图

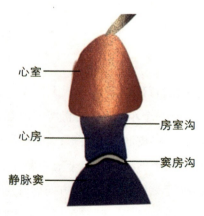

图 2-14-2　蛙心背面观

（三）观察与测试

（1）仔细观察静脉窦、心房及心室收缩的顺序和频率，在主动脉干下方穿一条线，将心脏翻向头端，看准窦房沟，沿窦房沟做一结扎，称为斯氏第一结扎。观察心脏各部分搏动节律的变化，用秒表计数每分钟的搏动次数，待心房和心室恢复搏动后，计数其搏动频率。然后在房室交界处穿线，准确地对扎房室外沟，称为斯氏第二结扎。待心室恢复搏动后，计数每分钟心脏各部分的搏动次数，将记录填入表2-14-1。

蛙心结扎

表 2-14-1　斯氏结扎记录表

项目	频率/（次/分钟）		
	静脉窦	心房	心室
对照			
第一结扎			
第二结扎			

（2）暴露另一只蛙的心脏，用系线的蛙心夹夹住少许心尖肌肉，系线与张力换能器相连接（图2-14-3）。电极安放在心室的外壁，使之既不影响心搏又能同心室紧密接触。用橡皮泥或电极支架固定电极柄，如果用单极刺激，则将正极固定在心室壁上，参比电极夹在胸壁肌肉上。刺激电极与多用仪的刺激输出端相连，接好其他电路，并将记录仪调整好。

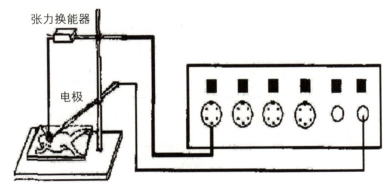

图 2-14-3　生理实验系统与电换能器的连接示意图

① 用鼠标点开显示屏上端的"实验"菜单，然后用鼠标单击"循环"栏目中的"期外收缩和代偿间隙"实验项目，系统即自动设置好实验参数、弹出刺激器对话框，并处于示波状态，此时可在屏幕上观察到正常的心搏曲线，曲线向上为心室收缩，向下为舒张。用鼠标在刺激器对话框中先选择"触发捕捉"，再选择"下降沿捕捉"，然后在显示通道中单击鼠标即可在单击位置呈现一水平显示线，调节单击点在屏幕上纵向的位置可调节该水平显示线的高低，该水平显示线与心搏曲线下降沿的交点就是给予刺激的可能位置（具体位置由发出"开始捕捉"命令的时刻决定）。由于在舒张早期以后给予刺激才会产生期外收缩，所以应调节水平显示线至心搏曲线中间偏下的位置。此后每用鼠标点击刺激器对话框中的"开始捕捉"键，刺激器即会在"开始捕捉"命令发出后、心搏曲线与水平显示线的第一个下降沿交点处发出刺激信号，调节水平显示线高低位置及刺激强度即可观察到期外收缩和代偿间隙现象。如需记录期外收缩和代偿间隙波形，应在系统记录状态发"开始捕捉"命令。

② 选择刚能引起心室发生期外收缩的刺激强度（于心室舒张期调试），分别在心室收缩的收缩期和舒张期给予单个刺激，观察心搏曲线有无变化（图2-14-4）。

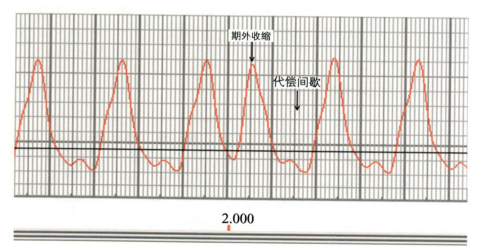

图 2-14-4　蛙类心脏期外收缩与代偿间歇收缩曲线

③ 以同等刺激强度，分别在心室舒张的早期、中期和晚期给予单个刺激，观察心搏曲线的变化。

④ 观察刺激强度对期外收缩幅度的影响。从零开始逐渐增大刺激强度，找到能引起期外收缩的最小强度，逐渐增大刺激强度，观察心搏曲线的变化。

⑤ 观察刺激时间对期外收缩幅度的影响。将刺激强度设置为能引起心室发生期外收缩的刺激强度，刺激时间从零开始逐渐增大，观察心搏曲线的变化。

⑥ 观察不同高脉冲连续刺激对心肌活动的影响。将刺激模式设置为连续刺激，将刺激强度设置为能引起心室发生期外收缩的刺激强度，改变刺激频率，观察不同高频脉冲连续刺激对心肌活动的影响。

五、注意事项

（1）毁髓要完全，以免肢体的活动干扰记录。

（2）经常用任氏液湿润心脏，以防干燥。

（3）结扎前要认真识别心脏的结构。

（4）结扎部位要准确，结扎时用力逐渐增加，直到心房或心室搏动停止。

（5）斯氏第一结扎后，若心室长时间不恢复跳动，实施斯氏第二结扎则可能使心室恢复搏动。

（6）每次刺激后，必须等待心搏恢复正常再给下一次刺激。

六、讨论

（1）实验结果说明心肌有哪些生理特性？

（2）心肌的不应期较长有什么生理意义？

（3）斯氏第一结扎后，房室搏动发生了什么变化？为什么？

（4）斯氏第二结扎后，房室搏动频率有什么不同？为什么？

（5）怎样证明两栖类心脏的起搏点是静脉窦？

实验 15

人体心脏听诊和动脉血压的测定

一、实验目的

（1）熟悉听诊器的结构和使用方法，指出心音的听诊部位，分辨第一心音和第二心音。

（2）掌握间接测量人体动脉血压的原理和方法，观察影响血压的因素。

（3）掌握绘制人体指脉图的记录方法及其影响因素。

二、实验原理

心音是心动周期中心肌收缩和瓣膜关闭引起震动所产生的声音，将听诊器放在胸前区的胸壁上，可以听到第一心音和第二心音。第一心音发生在心脏收缩期开始，音调低沉，持续时间较长（约 0.15 s），产生的原因包括心室肌的收缩、房室瓣突然关闭以及随后射血入主动脉等引起的振动；第二心音发生在心脏舒张期的开始，音调较高，持续时间较短（约 0.08 s），产生的原因包括半月瓣关闭、瓣膜互相撞击以及大动脉中血液减速和室内压的迅速下降。

人体动脉血压最常用的测定方法是听诊法，测量部位为上臂肱动脉。用血压计的压脉带充气，通过在动脉外加压，然后根据血管音的变化来测量血压。通常血液在血管内流动时没有声音，如果血液流经狭窄处形成涡流，则发出声音。当缠于上臂的压脉带内充满气体后压力超过肱动脉收缩压时，肱动脉内的血流完全被阻断，用听诊器在其远端听不到声音。徐徐放气降低压脉带内的压力，当压力低于肱动脉收缩压而高于舒张压时，血液将断续地流过肱动脉而产生声音，在肱动脉远端能听到动脉音。继续放气，当压脉带内压力等于舒张压时，血流由断续流动变成连续流动，使声音突然由强变弱并消失。故从无声音到刚听见第一个动脉音时的外加压力相当于收缩压，动脉音突然变弱时的外加压力相当于舒张压。在正常情况下，人或其他哺乳动物的血压是通过神经和体液调节而保持相对的稳定性。但是血压的稳定是动态的，是在不断地变化和调节中得到的，不是静止不变的。人体的体位、运动、呼吸以及温度等因素对血压均有一定影响。

在心动周期中，血流因为心脏的活动而发生周期性变化，外周血管也会产生相应的波动，可以在体表的浅表部位记录到脉搏，指脉就是其中的一种。通过指脉传感器，将指脉输送到生理实验系统，描绘出指脉图，分析图形的变化，并与心电图相比较，记录每种状态下的心率。

三、实验对象与器材

（1）实验对象：人。

（2）实验器材：血压计、听诊器、生理实验系统、指脉传感器。

四、方法与步骤

（一）心脏听诊

（1）确定听诊部位：观察心尖波动的位置和范围，听诊部位与瓣膜的解剖部位不完全一致。具体位置见图 2-15-1。

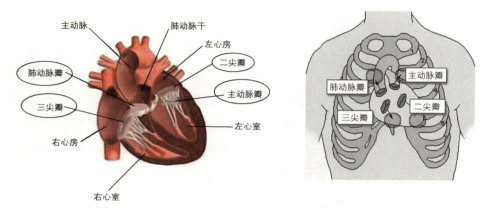

图 2-15-1　人体心脏瓣膜与听诊区

（2）依次听取二尖瓣听诊区、主动脉听诊区、肺动脉听诊区、三尖瓣听诊区，根据第一心音和第二心音的特征进行分辨。

（二）人体动脉血压的测定

（1）受试者脱左臂衣袖，静坐 5 min。

（2）松开打气球上的螺丝，将压脉带内的空气完全放出，再将螺丝扭紧。

（3）将压脉带裹于左上臂，其下缘应在肘关节上约 3 cm 处，松紧应适宜。受试者手掌向上平放于台上，压脉带应与心脏同一水平。

（4）在肘窝部找到动脉搏动处，左手持听诊器的胸具于其上。注意：不可用力下压。

（5）听取血管音变化：右手持打气球，向感应脉带打气加压，同时注意倾听声音变化，在声音消失后再加压 0.399 kPa（旧时血压单位用 mmHg，1 mmHg 约等于 0.133 kPa），然后扭开打气球之螺丝，缓慢放气（切勿过快），此时可听到血管音的一系列变化：声音从无到有，由低而高，而后突然变低，最后完全消失。然后扭紧打气球螺丝继续打气加压，反复听取声音变化 2 ~ 3 次。

（6）测量动脉血压：重复上一操作，同时注意血压计之水银柱和声音变化。在徐徐放气减压时，第一次听到血管音的水银柱高度即代表收缩压，在血管音突然由强变弱时的水银柱高度即代表舒张压。记下测定数值后，将压脉带内的空气放尽，使压力降至零。重测一次后，将测定值填于表 2-15-1 内。

（7）体位对血压的影响：体位改变反映重力对血液的影响发生变化，通过对血压的调节，保持适宜的器官血流量。

①受试者仰卧于实验台上，休息 5 min 后测量其血压。

②受试者取立正姿势 15 min，其间每隔离 5 min 测量血压 1 次，并将测量数值记录于表 2-15-1。

（8）呼吸对血压的影响：

①向压脉带内打气加压后，徐徐放气到听见收缩压的血管音为止，扭紧打气球螺丝。让受试者做缓慢的深呼吸 1 min，而后即刻测量其血压。

②让受试者做一次深吸气后紧闭声门，对膈肌和腹肌施以适当的压力，在可能坚持的时间内测量其血压，并将数值填入表 2-15-1。

（9）运动对血压的影响：让受试者做原地蹲起运动，1 min 内完成 30 次，共做 2 min。运动后立即坐下，30 s 测量血压一次，直至血压恢复正常。精确记录每次测量血压的时间，并将变化最大的血压数值记入表 2-15-1。

表 2-15-1　人体动脉血压测量记录表

观察项目		血压/kPa	
		收缩压	舒张压
实验前（坐位）			
体位	仰卧		
	站立		
呼吸	深呼吸		
	呼吸后紧闭声门		
运动			

（三）指脉图的记录

（1）将指脉传感器连接到生理实验系统上，打开"实验"中的"循环系统"，找到脉搏测定项目，显示示波界面。

（2）受试者端坐，手心向上置于大腿上，将指脉带缠于手指指肚，调节适当松紧度。

（3）观察指脉波形，在心电测量窗口中找到"心电（心率）自动测量"，测量指脉频率。

（4）依次更换不同手指，测量波形和指脉频率；将手指放在不同高度，观察波形和指脉频率变动；做深吸气和憋气、运动时，观察波形和指脉频率变化。将实验结果填在表 2-15-2。

表 2-15-2　不同生理状态对指脉频率的影响

手指	手指相对高度	吸气时	憋气时	运动时
拇指				
食指				
中指				
无名指				
小指				

五、注意事项

（1）测压时室内须保持安静，以利于听诊。

（2）戴听诊器时，务必使耳端的弯曲方向与外耳道一致，即接耳的弯曲端向前。

（3）重复测压时，须将压脉带内空气放尽，使压力降至零位，然后再加压测量。

（4）压脉带裹绕要松紧适宜，并与心脏处于同一水平位置。

六、讨论

（1）体位和呼吸改变后，血压有什么变化？为什么？

（2）运动前后血压有什么变化？请加以分析。

（3）指脉图与心电图有相关性吗？

第二部分

综合型实验

实 验 16

蛙类神经干动作电位的引导、传导速度和不应期的测定

一、实验目的

（1）掌握蛙类神经干动作电位的引导方法。

（2）了解蛙类神经干单相动作电位和双相动作电位的波形特点。

（3）掌握蛙类神经干动作电位传导速度和不应期的测定方法。

二、实验原理

神经干动作电位是神经兴奋的标志。用电刺激神经，在负刺激电极下的神经纤维膜内外产生去极化，当去极化达到阈电位时，膜产生一次在神经纤维上可传导的快速电位反转，此即为动作电位（action potential，AP）。神经纤维兴奋部位膜外电位相对静息部位呈负电性质，当神经冲动通过以后，膜外电位又恢复到静息时水平。如果将两根引导电极置于正常完整的神经干表面，当神经干一端兴奋，兴奋波先后通过两个引导电极处时，可以记录到两个方向相反的电位偏转波形，称为双相动作电位。如果两个引导电极之间神经组织有损伤，兴奋波只能通过一个引导电极而不能传到第二引导电极，只能记录到一个方向的电位偏转波形，称为单相动作电位。神经干由许多神经纤维组成，其动作电位与单根神经动作电位不同，能够产生综合性的动作电位，神经干动作电位的幅度在一定程度上随着刺激强度的变化而增大。

动作电位在神经上的传导有一定速度，不同类型的神经纤维传导速度（v）不同，神经干越粗大，其传导速度越快。蛙类坐骨神经干中以 A α 类神经为主，传导速度为 10 ~ 40 m/s。测定神经冲动在神经干上的传导距离（S）与通过该距离所需要的时间（t），即可以求出传导速度。测定动作电位的传导速度时，在一根神经纤维上面要有两对引导电极，以引导电极之间的距离来记录动作电位传导的距离，测量动作电位波形出现的时间差，得出传导速度（$v=S/t$）。

神经组织在接受一次刺激后，其兴奋性会发生有规律性的变化，依次经过绝对不应期、相对不应期、超常期和低常期，然后再回到正常兴奋水平。在神经干上给予一个阈上刺激（条件刺激），间隔不同的时间再给予第二次刺激（测试刺激），第二个动作电位的高低或有无，反映了神经兴奋性的改变。通过调节两个刺激之间的时间间隔，可以测定出坐骨神经干动作电位的不应期。

三、实验对象与器材

（1）实验对象：蟾蜍或牛蛙。

（2）实验器材：RM6240E 多道生理信号采集处理系统、标本屏蔽盒、解剖器械、固定装置、任氏液等。

四、实验方法与步骤

（一）神经干标本制备

实验蛙双毁髓，制备后肢标本并分离神经干。

神经干尽量分离得长一些（上至脊椎附近，下沿腓神经与胫神经一直分离到踝关节附近），不要损伤神经组织，将神经干的两端用线扎牢，两端剪断，标本制作成功，置于任氏液中稳定 5 min。

神经干标本的制备

（二）神经干动作电位

将标本屏蔽盒外的电极分别与刺激电极和引导电极相连接，刺激电极靠近中枢端，如图 3-16-1 所示。神经标本放置在标本屏蔽盒内的电极上，选择"神经干动作电位"实验项目。

（1）逐步增加刺激强度，观察动作电位的幅度是否增加。找出刚能引起微小神经干动作电位的刺激强度（神经干阈强度）和动作电位达到最大时的最小刺激强度（最适刺激强度）。

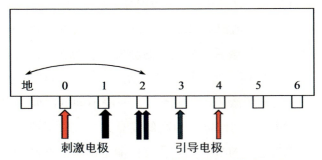

图3-16-1　观察神经干动作电位及测定装置图

（2）观察双相电位的波形：读出最适刺激时双相动作电位上、下相的幅度和整个动作电位持续时间的数值。点击"标尺及处理区"的"选择"下拉菜单中的"专用静态测量"，选择"生物电""神经干"，在弹出的对话框中，选择所要测量的项目，包括最大锋电位、最小谷电位及动作电位时程，点击"确定"，用鼠标准确选取给予刺激时间点和动作电位结束时间点，即可在通道下方弹出"数据板"及测量结果（图3-16-2）。

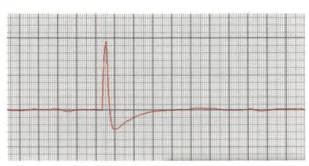

实验名称：**实验蛙坐骨神经干动作电位**
扫描速度：**0.50 ms/div**
灵敏度：　**2.0 mV/div**
刺激强度：**0.015 V**
刺激波宽：**0.2 ms**

图3-16-2　在实验蛙坐骨神经干上引导的动作电位

（3）将神经干标本倒置，观察双相动作电位的波形有无变化。

（4）将引导电极对调一下，观察双相动作电位的波形有无变化。

（5）测定动作电位的传导速度：如图 3-16-3 所示，在图 3-16-1 的基础上添加一对引导电极，选择"神经干兴奋传导速度测量"实验项目，点击刺激器上的同步触发按钮。在系统弹出的对话框中输入电极距离（即引导电级 1 和引导电极 2 极性相同的两电极之间的距离），如在该对话框中选择了"自动测量"，则点击"确定"键，系统即在"测量信息栏"将自动测量的有关信息（"传导时间""电极距离""传导速度"）显示出来；如在该对话框中选择了"手动测量"并点击"确定"键，则需用鼠标先在一个通道的动作电位波形上（如波峰）点击一次，然后在另一通道的动作电位波形相同位置点击一次，系统即在"测量信息栏"显示出有关信息。计算出神经干的传导速度。

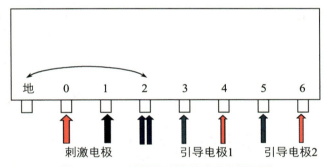

图 3-16-3　神经冲动传导速度的装置图

（6）测定神经干动作电位的不应期：选择"神经干兴奋不应期自动测定"项目，系统即自动设置好实验参数、弹出刺激器对话框，并处于示波状态；选择同步触发，点击"自动"键，系统即自动产生双刺激，双刺激的波间隔（即两个刺激方波之间的时间间隔）从 20 ms 开始逐步减小，直至减小到 0.3 ms，系统在不应期自动测定中预设置了若干组波间隔，每一次刺激产生的波形都以临时文件自动记录到硬盘上（退出系统前执行保存命令即可长期保存），以后可用"Page Up"与"Page Down"翻页查找波形，可以看到，随"波间隔"的逐步减小，第二个动作电位向第一个动作电位逐步靠近。当第二个刺激引起的动作电位幅度开始降低时，此时第二个与第一个刺激方波间的时间间隔（波间隔）即为不应期，以后第二个动作电位向第一个动作电位继续靠近，第二个动作电位逐渐消失，第二个动作电位刚消失时"波间隔"为绝对不应期近似值，不应期减去绝对不应期为相对不应期（图3-16-4）。

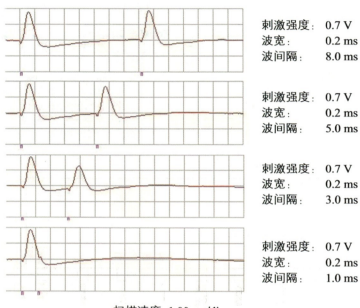

刺激强度： 0.7 V
波宽： 0.2 ms
波间隔： 8.0 ms

刺激强度： 0.7 V
波宽： 0.2 ms
波间隔： 5.0 ms

刺激强度： 0.7 V
波宽： 0.2 ms
波间隔： 3.0 ms

刺激强度： 0.7 V
波宽： 0.2 ms
波间隔： 1.0 ms

扫描速度：1.00 ms/div
灵敏度：2.0 mV/div
不应期：5.0 ms
绝对不应期：1.0 ms
相对不应期：4.0 ms

图3-16-4　神经干动作电位不应期的测量

（7）单相动作电位波形的观察：用镊子将两个记录电极之间的神经干夹伤或者用药物阻断，再刺激则出现单相动作电位，读出最大刺激时单相动作电位的振幅值和整个动作电位的持续时间数值；比较单相动作电位上升相时间和下降相时间的长短，分析与双相动作电位波形的关系。

五、注意事项

（1）神经干应尽可能分离得长一些，自脊柱附近的主干分离至踝关节。

（2）神经干分离过程中勿损伤神经组织，以免影响神经的兴奋性。

六、思考题

（1）神经干动作电位的幅度在一定范围内随着刺激强度的变化而变化，是否与单一神经纤维动作电位的"全或无"性质相矛盾？

（2）调换神经干标本的放置方向和对调引导电极的目的分别是什么？

（3）双相动作电位的上、下两相为什么不相等？

（4）在接受一次刺激产生兴奋后，神经干为什么会出现不应期？

实 验 17

蛙类神经干时值与强度–时间曲线的测定

一、实验目的

了解时值的概念，进一步了解引起组织兴奋时刺激强度与刺激作用时间的依赖关系。

二、实验原理

细胞或者组织受刺激后发生兴奋反应，不仅需要一定的刺激强度，而且需要一定的刺激作用时间。刺激强度与刺激作用时间之间的相互关系可用强度–时间曲线表示。刺激电流作用时间足够长时的刺激强度阈值，称为基强度。在基强度下引起组织兴奋的最短刺激作用时间，称为利用时。在二倍基强度下引起组织兴奋所需的最短刺激作用时间，称之为时值。时值是衡量组织兴奋性的重要指标之一。改变刺激强度，分别测出引起某组织兴奋所需的最短作用时间，将一系列这样的数据在坐标图上描绘出来，即为该组织刺激的强度–时间曲线。

三、实验对象与器材

（1）实验对象：蟾蜍或牛蛙。

（2）实验器材：蛙类手术器械、蛙板、玻璃板、生理信号采集系统、神经屏蔽盒、坐标图纸、培养皿、棉线、任氏液、2%的普鲁卡因溶液。

四、方法与步骤

（一）制备坐骨神经干标本

取一只实验蛙，分离一侧后肢坐骨神经。坐骨神经至腘窝处分为两支：内侧为胫神经，走行表浅；外侧为腓神经。沿胫、腓神经走向分离至踝部，剪断侧支。结扎坐骨神经干的脊柱端及胫、腓神经足端，游离神经干。提起两端结扎线，将神经干标本放入任氏液中，稳定 5 min。

坐骨神经干标本的制备

（二）仪器的安装与调试

（1）按照动作电位引导的方法连接生理信号采集系统，刺激频率为 10 ~ 20 次/秒。

（2）信号系统的"输入"同神经屏蔽盒的引导电极相连，用以观测神经干的动作电位，放大器"增益"置于 1 000 倍。

（3）各仪器与神经屏蔽盒要妥善接地。

（三）基强度与时值的测定

（1）用滤纸片吸去神经干上的液体，用手术镊提起神经干两端的结扎线，将神经干标本放入神经屏蔽盒内，中枢端搭于刺激电极上，外周端搭于引导电极上。

（2）调节电子刺激器的波宽为 30 ms，然后逐渐加大刺激强度，当神经干刚好产生一个小小的动作电位时，此刺激强度即代表神经干中 Aα 类纤维的兴奋阈强度—基强度。

（3）增大刺激强度，使之正好为基强度的两倍，可见产生的动作电位幅值增大。然后再逐渐缩短刺激波宽，产生一个小小的动作电位，此时的波宽时间即为神经干中 Aα 类纤维的时值。

（四）强度时间曲线的测定

（1）将刺激强度分别调至基强度的 1.25、1.5、1.75、2、3、5、10 倍，逐个测出不同刺激强度时各自产生动作电位的最小波宽，填入表 3-17-1。

表 3–17–1　强度时间曲线测定记录表

刺激强度	1.25 倍	1.5 倍	1.75 倍	2 倍	3 倍	5 倍	10 倍
最小波宽							

（2）以 x 轴代表刺激作用时间，y 轴代表刺激强度，将以上测得的实验数据在坐标图纸上绘出强度 – 时间曲线，并标出基强度、利用时和时值。

（五）改变组织的兴奋性对强度 – 时间曲线的影响

用沾有 2% 的普鲁卡因溶液的棉球浸润刺激强度最小波宽电极处的神经干标本，约 2 min 以后，依上步骤重新测定该标本的基强度、时值并绘出强度 – 时间曲线。可见二者的强度 – 时间曲线并不重合，后者曲线向右上方位移。将神经干标本置于 4℃ 的任氏液中浸浴 5 min 以后，重新测定，观察曲线的变化。

五、注意事项

整个测试过程要迅速，若刺激时间过长，组织的兴奋性容易改变，使得测定的强度时间曲线不理想。

六、思考题

（1）强度 – 时间曲线可以说明什么问题？

（2）为什么说利用这种方法测的是神经干中 Aα 类神经纤维的强度 – 时间曲线？

（3）试分析用普鲁卡因或 4℃ 任氏液处理标本后，所测的曲线发生位移的原因。

蛙类骨骼肌纤维动作电位的测定

一、实验目的

（1）学习用标准玻璃微电极技术测定单肌纤维动作电位的方法。

（2）观察单个骨骼肌纤维跨膜动作电位的基本特征。

二、实验原理

神经和肌肉纤维的电活动包括安静时的静息电位和兴奋时的动作电位。在静息状态下，肌细胞膜表面的任何两点都是等电位的，但细胞膜内、外却存在明显的电位差，此即为静息电位。当肌细胞受到刺激发生兴奋时，膜内外的电位发生可扩布的变化，称为动作电位。应用标准玻璃微电极技术，把尖端直径小于 1 μm 的玻璃微电极（引导电极）插入肌细胞内，把参考电极置于细胞外，以观察和测定肌细胞的静息电位和动作电位。

三、实验对象与器材

（1）实验对象：蟾蜍或牛蛙。

（2）实验器材：蛙类手术器械、生理信号采集系统、刺激隔离器、微操纵器、立体显微镜、屏蔽实验台、玻璃微电极拉制器、毛坯玻璃管、肌槽、Ag-AgCl 乏极化电极、无关电极、锌铜弓、1 cm 长的不锈钢针若干、任氏液。

四、方法与步骤

（一）玻璃微电极的制备

进行微电极的拉制和充灌 3 mol/L 氯化钾溶液。微电极的阻抗可在实验前用电子管电压表测量，也可在开始实验时用微电极放大器进行测量。本实验要求玻璃微电极的阻抗为 10 MΩ ～ 20 MΩ。制备好的微电极要妥善保存，以避免折断尖部或溶液蒸发。

（二）坐骨神经－缝匠肌标本的制备

制备实验蛙的坐骨神经－缝匠肌标本。将标本移入放有任氏液的肌槽内，缝匠肌内侧面向上，用不锈钢针将耻骨端固定于肌槽的一侧，另一端拉紧结扎线，将肌肉伸长到原来的 1.2 ～ 1.5 倍，并用钢针固定，将坐骨神经轻轻搭在肌槽的刺激电极上。

（三）实验仪器的连接与参数的调整

（1）刺激系统：包括刺激器、隔离器和肌槽上的刺激电极。刺激器采用手控，波宽为 0.1 ～ 0.2 ms，刺激强度以肉眼可见到肌肉稍有收缩为准。

（2）探测系统：包括玻璃微电极、无关电极以及微操纵器。将制备好的玻璃微电极放入微操纵器的夹持器内，把一根与微电极放大器探头正极相连的 Ag-AgCl 乏极化电极插入玻璃微电极的氯化钾溶液内。调节微操纵器的水平位移旋钮，使玻璃微电极正置于待插肌纤维的上方。再调节垂直位移粗调，使微电极尖端进入靠近肌纤维的任氏液内。与微电极放大器探头负极相连的无关电极插入肌槽的任氏液内。

（3）连接微电极放大器和示波器：放大器的"增益"置于 1 倍，其探头应尽量靠近肌槽。示波器灵敏度为 20 mV/cm。记录静息电位时，用连续扫描；记录动作电位时，用外触发扫描。

（四）单肌纤维静息电位的观察

调节微操纵器垂直位移细调，将微电极尖端刺入肌纤维内，此时监听器的音调发生突然变化，同时示波器的扫描线也同步下移，此即为单肌细胞膜内、外的电位差——静息电位。测量静息电位的数值，调节微操纵器，将微电极移出肌纤维，则示波器扫描线回至零电位。

（五）单肌纤维动作电位的观察

微电极刺入肌纤维，静息电位基本稳定后，开放刺激器，以两倍阈强度刺激坐骨神经，此时即出现可扩布性的电位变化——动作电位。扫描线由静息电位上升至零电位，并出现超射现象，而后恢复到静息电位水平。观察动作电位的波形，测量动作电位的振幅和持续时间。

五、思考题

（1）在固定缝匠肌标本时，为什么要将肌纤维适当拉长？

（2）如果单肌纤维动作电位不能稳定，试分析其原因。

（3）如果改变任氏液中的钾离子浓度，动作电位会发生什么变化？为什么？

实 验 **19**

蛙类骨骼肌终板电位的测定

一、实验目的

（1）学习测定骨骼肌终板电位的实验方法。

（2）观察终板电位和微终板电位的波形。

二、实验原理

在神经-肌肉接点的传递过程中，既有化学因素也有电学因素参与。当神经冲动或动作电位到达运动神经末梢时，细胞膜去极化，细胞外液中的钙离子进入神经末梢，促使大量突触小泡同时向突触间隙释放乙酰胆碱（ACh），与终板膜外表面的蛋白质受体相结合，出现许多小终板电位（MEPP）。这些小终板电位综合起来，形成了终板电位（EPP）。当终板电位达到阈电位（约 40 mV）时，肌膜产生动作电位，最后引起肌肉收缩。

本实验采用电生理学方法，将玻璃微电极插入终板区的肌肉纤维内，观察终板电位。但在正常情况下，由于肌肉纤维动作电位的干扰，终板电位不易观察。如用氯化筒箭毒碱处理肌肉标本，阻滞神经-肌肉接点处的兴奋传递作用，就可以在没有动作电位干扰的条件下观察终板电位。

三、实验对象与器材

（1）实验对象：蟾蜍或牛蛙。

（2）实验器材：蛙类手术器械、生理信号采集系统、刺激隔离器、微操纵器、立体显微镜、屏蔽实验台、玻璃微电极拉制器、毛坯玻璃管、肌槽、Ag-AgCl 乏极化电极、无关电极、锌铜弓、1 cm 长的不锈钢针若干、任氏液、5×10^{-6} mol/L 的氯化筒箭毒碱溶液。

四、方法与步骤

（1）制备坐骨神经-缝匠肌标本，用锌铜弓检查后置于任氏液内 5 min。

（2）安装、连接、调试仪器装置：刺激器采用手控单脉冲或双脉冲信号，波宽 0.1 ~ 0.2 ms，外触发扫描，灵敏度为 10 ~ 20 mV/cm。

（3）微终板电位的观察：借助立体显微镜，找到在缝匠肌内表面走行的神经分支。调节微操纵器的水平和垂直位移旋钮，将微电极插入神经末梢刚刚消失的部位，即可看到缝匠肌的静息电位（约 -90 mV）。提高示波器灵敏度（为 0.5 ~ 1 mV/cm），可看到在静息电位的基础上出现微小的电位变化，这就是自发的微终板电位。在此基础上，反复移动微电极的位置，直至得到振幅最大的微终板电位。

（4）终板电位的观察：开启电子刺激器，刺激神经，示波器即显示终板电位。反复移动微电极的插入部位，找到振幅最大的终板电位。在电位的上升支上有一个转折，转折下部为终板电位，转折上部为肌纤维的锋电位。

（5）箭毒阻滞作用：向肌槽中灌流氯化筒箭毒碱溶液，开启刺激器，刺激神经，借助立体显微镜观察肌肉的收缩反应，可以看到肌肉收缩的强度逐渐减弱，最后消失。但为了避免箭毒的作用过深，影响实验观察，当刺激神经仅仅引起肌肉极微弱的收缩时，即停止氯化筒箭毒碱溶液灌流，并用任氏液冲洗。在整个实验过程中，注意观察电位变化，直至得到单纯的终板电位。

五、思考题

终板电位有什么生理特征？试设计几个实验加以证明。

实验 20

蛙类脊髓背根和腹根的机能观察

一、实验目的

（1）学习暴露脊髓和分离脊神经背根和腹根的方法。

（2）了解背根和腹根的不同机能。

二、实验原理

脊神经的背根是由传入神经纤维组成，具有传入机能；腹根由传出神经纤维组成，具有传出机能。若切断背根，则相应部位的刺激不能传入中枢；若切断腹根，不能传出冲动，则其所支配的效应器也不再发生反应。

三、实验对象与器材

（1）实验对象：蟾蜍或牛蛙。

（2）实验器材：蛙类手术器械、生理信号采集系统、小型弯头露丝电极、蛙板、蛙腿夹、滴管、棉花、红色和白色丝线、任氏液。

四、方法与步骤

（1）将实验蛙毁脑后腹位固定于蛙板上。沿背部中线剪开皮肤，向前开口至耳后腺水平，向后开口至尾杆骨中段。用剪刀小心剪去脊椎两侧的纵行肌肉及椎间肌肉，暴露椎骨。

（2）用弯头金冠剪横向剪断环椎，然后将弯头金冠剪小心伸入椎管，自前至后逐节剪断两侧椎弓，移去骨片，暴露全部脊髓。

（3）用眼科镊轻轻挑开脊髓表面的银灰色或黑色脊膜，再用任氏液冲洗尾部，小心识别第 7 ~ 10 对脊神经背根和腹根。用玻璃分针分离一侧第 9 对脊神经的背根、腹根（背根近椎间孔处有淡黄色、半个小米粒大小的脊神经节），将背根穿两条白色丝线，腹根穿两条红色丝线备用。放松两后肢即可进行实验观察。

① 提起白色丝线，轻轻用刺激电极钩起背根，用较弱的单脉冲刺激背根（只引起同侧后肢抖动），记录结果。

② 用同样方法刺激腹根，记录结果。

③ 将两条白色丝线双结扎背根后从中间剪断神经，分别刺激其中枢端和外周端（刺激强度不变），记录结果。

④ 用同样方法结扎并剪断腹根，重复刺激背根中枢端，记录结果。

⑤ 分别刺激腹根中枢端和外周端，记录结果。

五、思考题

根据实验结果，分析背根和腹根有哪些机能。

实 验 21

家兔去大脑僵直现象的观察

一、实验目的

（1）学习去大脑的方法。

（2）观察去大脑僵直现象。

二、实验原理

在中脑四叠体的前、后丘之间切断脑干的动物，称为去大脑动物。由于神经系统内，中脑以上水平的高级中枢对肌紧张的抑制作用被阻断，而中脑以下各级中枢对肌紧张的易化作用相对加强，出现伸肌紧张亢进的现象。动物表现为四肢僵直，头向后仰，尾向上翘的角弓反张状态，称为去大脑僵直。

三、实验对象与器材

（1）实验对象：家兔。

（2）实验器材：哺乳动物手术器械、骨钻、咬骨钳、止血钳、剪毛剪、竹片刀、兔体手术台、棉球、棉线、骨蜡、生理盐水、20%的氨基甲酸乙酯溶液。

四、方法与步骤

（1）按照 5 mL/kg 体重，耳缘静脉注射 20%的氨基甲酸乙酯溶液将动物麻醉并固定，分离双侧颈总动脉并结扎之。

（2）将动物改为腹位固定，开颅，暴露大脑半球后缘。

（3）松开动物四肢，左手托起动物下颌，右手用竹片刀轻轻拨起大脑半球后缘，看清四叠体的部位，于前、后丘之间垂直插入竹片刀，切断神经联系。

（4）将动物侧位置于手术台上，数分钟后其出现去大脑僵直现象。

五、注意事项

竹片刀刺入脑干时，勿使其向后损伤延髓。

六、思考题

阐述去大脑僵直的发生机制。

实 验 22

蛙类皮肤感受器传入冲动的观察

一、实验目的

（1）学习蛙类皮肤感受器传入冲动的记录方法。

（2）了解感受器的种类及基本特征。

二、实验原理

感受器是完成感觉过程的第一个环节。它的基本机能是接受环境刺激，并将刺激能量转化成一连串的神经冲动。皮肤属外感受器，具多种特异的感觉末梢及传入纤维，因而可接受和辨别不同形式刺激而产生多种感觉。本实验是在离体的实验蛙皮肤－神经标本上观察皮肤感受器对刺激的分辨能力及换能过程，进而了解和掌握感受器的一般生理学特征。

三、实验对象与器材

（1）实验对象：蟾蜍或牛蛙。

（2）实验器材：蛙类手术器械、生理信号采集系统、微操纵器、屏蔽箱、标本槽、橡皮泥、玻璃棒（钝头）、毛笔、滤纸片、针灸针、任氏液、凡士林及液状石蜡。

四、方法与步骤

（一）标本制备

（1）对实验蛙进行双毁髓后，在背中线切开 4 cm 长的皮肤切口，稍向两侧分离，于髂腰肌与腹外斜肌之间可见 3 根向腹部走行的脊神经（第 4、5、6 脊神经）。腹部皮肤神经自脊髓发出后，先在腹膜外游离一段，然后进入腹内斜肌与腹外斜肌之夹层，在两层肌肉间穿行，在接近所支配的腹部皮肤时，神经主干从腹外斜肌钻出后到达皮肤。

（2）看清 3 条神经后，用镊子将腹外斜肌提起，在髂腰肌与腹外斜肌接合处剪开肌层，可看到在腹腔中游离的 3 条脊神经。任选其中一根在脊神经根部用丝线结扎、剪断，轻提丝线向下分离。

（3）在神经钻入肌肉的部位用镊子将两层肌肉轻轻撕开，于肌肉的夹层中向腹部仔细追踪。

（4）在接近末梢区域时，要先将周围皮肤与肌肉间的结缔组织切断，可适当多保留些结缔组织，但不要保留肌肉。

（5）从蛙体上剪下该神经所支配的皮肤，大小约为 9 cm^2，使神经末梢位于标本正中。标本制备完毕后，置于任氏液中备用。

（二）仪器的连接与参数的调整（同动作电位引导实验）

（三）标本的放置

甲槽中央放一块海绵，高度与内槽平齐。剪一块大小与海绵相仿的滤纸，用任氏液浸湿，放在海绵表面，然后将准备好的标本小心移入槽内，皮肤表面朝上，轻轻地放在滤纸上。皮肤展平后，用镊子提起神经游离端的引线，经隔障缺口引入乙槽中，搭在记录电极上。隔障缺口用凡士林封住，神经干埋于其中，用滤纸片吸干乙槽中神经表面的水分，并加满液状石蜡。分别称好 1 g、5 g、10 g、20 g 的橡皮泥，将其做成底面积相同的重物。

（四）观察

标本放置妥当后，观察无刺激时有无静息冲动发放。

（五）触觉刺激

用毛笔在皮肤表面轻触，观察传入冲动的发放，并记录。

（六）压觉刺激

将不同重量的橡皮泥分别放在皮肤表面，观察压觉刺激对传入冲动的影响。

（七）痛觉刺激

用针灸针刺激皮肤，注意传入冲动的发放有何改变。

五、注意事项

（1）各种形式的刺激均可通过微操纵器进行，操纵器与人手接触点要严格绝缘。

（2）记录前，先使用轻触觉检查一下标本质量，排除干扰，修正各项参数，使整个记录系统稳定下来。

（3）标本制备的好坏是整个实验成功与否的关键，在实验过程中要精心制备标本。

六、讨论

（1）根据实验结果，讨论蛙类皮肤中存在着几种感受器，其传入冲动各自有什么特点。

（2）为什么会同时出现峰值不同的冲动发放？

（3）比较各种感受器的适应速度，讨论其生理意义。

实 验 23

蛙类心脏机械活动与电活动关系的观察

一、实验目的

了解心脏的机械收缩活动与电活动的关系。

二、实验原理

心脏的收缩活动与心肌兴奋的产生、传导和恢复过程中的生物电变化是两个不同的生理过程。心脏的收缩活动可以通过心搏曲线记录下来，而心肌的生物电变化可以通过心电图表现出来。同时记录心脏的机械活动与电活动，可以清楚地观察到两个生理过程之间的联系。

三、实验对象与器材

（1）实验对象：蟾蜍或牛蛙。

（2）实验器材：蛙类手术器械、蛙心夹、蛙板、记录仪（附有心电图机插件）、张力换能器、4个金属针头、滴管、棉线、任氏液。

四、方法与步骤

（1）取一只实验蛙，暴露心脏。用蛙心夹夹住心尖部，将蛙心夹上的系线绕过一个滑轮与张力换能器相连，记录心搏曲线。

（2）调节心电记录笔与心搏曲线记录笔在一条垂直线上，将导联线按规定通过针头分别插入四肢皮下。打开心电图插板的开关，观察Ⅱ导联是否有心电信号。如果信号不大，可调节增益旋钮及心脏的位置，直到出现明显的心电信号。

（3）仔细观察心电图的 P 波与心房收缩波、QRS 波群与心室收缩波在时间上有什么关系。

五、思考题

（1）分析实验结果，说明为什么 P 波早于心房收缩波、QRS 波群早于心室收缩波？

（2）阐述心脏发生收缩反应之前的生理过程。

实 验 24

蛙类心脏的神经支配功能观察

一、实验目的

（1）了解蛙类心脏的神经支配功能。

（2）观察迷走交感神经干对心脏活动的影响。

二、实验原理

蛙类的心脏受迷走神经和心交感神经的双重支配。它们的迷走神经和颈交感神经混合成一个神经干，称迷走交感神经干。正常情况下，迷走神经兴奋时，心脏搏动减弱减慢；交感神经兴奋时，心脏搏动增强加快。由于迷走神经的兴奋性较高，因而低频、低强度电刺激迷走交感神经干时，多产生迷走效应；高频、高强度刺激时，易产生交感效应；中等频率和强度刺激时，往往表现为先迷走后交感的双重效应。若在心脏处滴加阿托品，可封闭迷走神经对心脏的影响，表现为单纯的交感效应。

三、实验对象与器材

（1）实验对象：蟾蜍或牛蛙。

（2）实验器材：蛙类手术器械、蛙板、蜡盘、蛙心夹、张力换能器、生理信号采集系统、保护电极、刺激器、电磁标、任氏液、1%的阿托品溶液。

四、方法与步骤

（1）取实验蛙一只，双毁髓后背位固定在蛙板或蜡盘上。在一侧下颌角与前肢之间剪开皮肤，分离深部的结缔组织后，可以看到一条长形的提肩胛肌，切断此肌即能看到一血管神经束，其中含有皮动脉、颈静脉和迷走交感神经干，该神经干中包含出入延髓的迷走神经和从第 4 交感神经节发出的交感神经。分开血管神经束，用玻璃分针提起迷走交感干，穿线备用。

（2）自剑突剪开胸骨柄，暴露心脏，剪开心包膜，用蛙心夹夹住心尖，连接信号采集系统，把保护电极仔细地安放在迷走交感神经干上。

（3）描记一段正常心搏曲线，然后用连续脉冲刺激迷走交感神经干 10 s，观察和记录心搏活动的变化。用连续感应电震刺激，也得到同样效应，都表现为心搏停止的迷走神经效应，然后为心搏动增强的交感神经效应。

（4）在静脉窦和心房部位加 1% 的阿托品溶液 2～3 滴，5 min 后，再用原刺激强度刺激神经干，观察并记录心搏活动的变化。这时由于阿托品封闭迷走神经对心脏的作用，迷走效应不会出现，而表现为单纯的交感效应。

五、注意事项

（1）神经周围的组织液需用棉球吸干，以防短路或电流扩散。

（2）每次刺激的时间不能过长，两次刺激之间必须间隔 3～5 min，以防损伤神经。

（3）须常用任氏液湿润神经和心脏，以防组织干燥而失去生理机能。

（4）交感神经和迷走神经的效应往往随季节、气温和动物个体而变化，在实验过程中需灵活掌握。

六、思考题

（1）刺激迷走交感神经干时，为什么只显示出迷走效应？

（2）在心脏滴加阿托品溶液时，心搏为什么发生改变？其机制是什么？

（3）试设计一种单纯刺激迷走神经和单纯刺激心交感神经的实验。

实 验 25

鸟类动脉血压的测定

一、实验目的

学习鸟类的直接测压法及不同因素对血压的影响。

二、实验原理

采用"液导系统"直接测定鸟类的动脉血压。

三、实验对象与器材

（1）实验对象：鸭、鸡、鹅等。

（2）实验器材：

① 动脉套管：用于鸟类的动脉套管可分为单口颈套管和双口颈套管。套管为圆柱形，长 1.9 ~ 2 cm。连通水银检压计或压力换能器的管颈直径约为 2.53 mm，套管的粗直径为 1 ~ 1.3 cm，插入动脉血管的嘴口直径为 1.5 mm，长约 2.5 mm。大型鸟亦可用一般常用的动脉套管。

② 水银检压计与哺乳动物所用的相同，仅将 U 型管直径略加缩小（2.5 ~ 3 mm）。

③ 其他器材：鸟类手术器械、鸟头固定夹、鸟体固定台、注射器、25% 的氨基甲酸乙酯溶液、任氏液、手术用线、纱布、肝素溶液（300 单位/毫升）、肾上腺素溶液（1 : 10 000）。

四、方法与步骤

（一）鸟体麻醉和固定

取一只鸭、鸡或鹅，称重，将 25% 的氨基甲酸乙酯溶液按 3.5 ~ 4 mL/kg 体重的比例进行腹腔内注射，待 15 min 麻醉奏效后，将鸟体背位或侧卧位固定，并将股部羽毛剪去。

（二）分离右股动脉

先用手摸出股二头肌和股肌膜张肌的肌间沟，用镊子捏住股部皮肤，沿肌间沟切开皮肤 3 ~ 4 cm，再用止血钳分离肌间沟的结缔组织。在约 1 cm 深处可看到纵行的股动脉、股静脉及与其相并行的坐骨神经。用神经分离镊轻轻分离出股动脉，在其下面穿线提起股动脉。在分离股动脉周围的结缔组织时，应注意股动脉上呈横向走行的小动脉分支，不能将其拉断和碰破，最好用零号线将小分支动脉结扎切断，以防止因拉断而流失大量血液。

（三）分离两侧迷走神经

从喉下部 2 cm 处沿正中线切开皮肤，分离胸舌骨肌，再沿气管侧壁分离其周围的结缔组织。在已暴露的颈部气管两侧可见到薄而透明的结缔组织中有一根较粗的白色神经即迷走神经。用玻璃分针细致地分离出长 2 ~ 2.5 cm 的迷走神经，用小棉球蘸温任氏液湿润神经以防干燥。在迷走神经下穿一线以备刺激神经时用。

（四）动脉套管的插入

用 1 号线将分离出来的右侧股动脉靠远心端结扎，在近心侧用尖端套有薄乳胶管的动脉夹夹住股动脉，在动脉下再穿一条线作为结扎插入的套管用。插入套管前，用小手指从股动脉下面轻轻托起，用眼科剪在动脉上做 1/3 周的剪口、将装有肝素的动脉套管插入、结扎并固定。

（五）实验项目

（1）正常血压和呼吸曲线的记录。

（2）刺激迷走神经的效果。

（3）夹闭颈总动脉时的血压变化。

（4）注入肾上腺素溶液（1：10 000）对血压的影响。

（5）放血与输液对血压的影响。

（6）呼吸对血压的影响。

五、思考题

（1）说明刺激迷走神经、肾上腺素对鸟类动脉血压的作用。

（2）试比较神经、体液因素对哺乳动物和鸟类血压作用的异同。

家兔颈动脉窦减压反射的观察

一、实验目的

（1）学习家兔游离颈动脉窦的方法。

（2）观察窦内压升高所引起的减压反射。

二、实验原理

颈动脉窦和主动脉弓是减压反射的感受器，如果将颈动脉窦游离出来，不参与血液循环，仅保留神经相连，则可通过人工灌流的方法以改变窦内压力作为刺激，观察减压反射。

三、实验对象与器材

（1）实验对象：家兔。

（2）实验器材：哺乳动物手术器械、兔体手术台、动脉夹、生理信号采集系统、水银检压计、20 mL注射器、气管插管、动脉套管及导管、三通管、生理盐水、20%的氨基甲酸乙酯溶液、肝素溶液（300单位/毫升）、2%的普鲁卡因溶液。

四、方法与步骤

（一）手术

按常规麻醉动物后将其背位固定于兔体手术台上。切开颈部皮肤，分离气管并插入气管插管。分离右侧颈总动脉直到颈内、外动脉分叉处。在颈动脉窦头端用线结扎颈内动脉，颈外动脉自基部结扎。在同侧颈总动脉中部进行双结扎后从中间剪断。颈总动脉的近心端插入动脉套管并连接水银检压计，记录动脉血压；其远心端插入另一支动脉套管，经三通管与另一水银检压计相连。用注射器通过三通管可向窦内注入生理盐水，同时观察检压计，记录所加压力的大小。分离左侧颈总动脉，穿线备用。

（二）安装

安装生理信号采集系统，记录正常血压曲线。

（三）实验观察

（1）提起左侧颈总动脉，用动脉夹阻断血流，记录血压变化。待出现明显变化后，移去动脉夹，记录血压变化。

（2）用注射器增加右侧窦内压力，记录血压变化与加压数值，找出压力变化最敏感的范围。

（3）用2%的普鲁卡因溶液浸润颈动脉窦区 3 ~ 5 min，再增加窦内压力，记录血压变化。分析各项结果，找出颈动脉窦最敏感的压力变化范围。

五、讨论

（1）颈动脉窦加压为什么会使血压升高？

（2）用普鲁卡因处理后，窦内加压时有什么变化？为什么？

（3）讨论减压反射的生理意义。

实验 27

蛙类毛细血管血液循环的观察

一、实验目的

（1）观察各种血管内血液流动的特点。

（2）了解某些药物对血管舒、缩活动的影响。

二、实验原理

蛙类的肠系膜及膀胱壁很薄，在显微镜下可以直接观察其血液循环。根据血管口径的粗细、管壁的厚度、分支的情况和血流的方向等可以区分动脉、静脉和毛细血管。

三、实验对象与器材

（1）实验对象：蟾蜍或牛蛙。

（2）实验器材：蛙类手术器械，显微镜，玻璃板或载玻片，塑料环或玻璃环（直径为 7 ~ 8 mm，高 3 ~ 4 mm，边缘光滑），蛙循环板（带孔的薄木板，孔直径为 2.5 ~ 3 cm），2 mL 注射器，滴管，20% 的氨基甲酸乙酯溶液，组织胺溶液（1 ： 10 000），去甲肾上腺素溶液（1 ： 100 000），任氏液，黄蜡油或 502 胶。

四、方法与步骤

（1）取实验蛙一只，称重后于皮下后淋巴心注入 20% 的氨基甲酸乙酯溶液（3 mg/g 体重）麻醉。

（2）观察血液循环的方法有以下两种。

方法一：先将塑料环或玻璃环一端的边缘涂上少许黄蜡油，黏附在干净的玻璃板上（如用 502 胶把小环固定在玻璃上更好），环内加几滴任氏液。再将麻醉的实验蛙背位置于玻璃板上，使右侧面紧靠小环。用手术镊轻轻提起右侧腹壁，再用手术剪在腹壁上剪一长约 1 cm 的纵向开口。轻轻拉出小肠袢，将肠系膜平铺在小环上（勿拉破系膜）。在显微镜下可观察肠系膜的血液循环。

方法二：将麻醉的实验蛙背位置于蛙循环板上，使腹部靠近循环板孔，再将载玻片的一端靠腹部并盖在循环板孔上。用手术镊提起靠近循环板侧的腹部皮肤，纵向剪开皮肤，切口约长 1.5 cm，再剪开腹壁肌肉。由于膀胱壁薄又充满尿液，有压力，用手术镊支开切口，再将对侧的体位稍加抬高，膀胱借着尿液流动的压力自动地移到体外的载玻片上。在显微镜下可观察膀胱血液循环。

（3）在低倍镜下观察血液循环，识别动脉、静脉、小动脉、小静脉、毛细血管、动静脉吻合。

（4）在肠系膜或膀胱上滴几滴组织胺溶液，观察血流的变化，出现变化后立即用任氏液冲洗。

（5）待血流恢复正常后，再滴几滴去甲肾上腺素溶液，观察血流的变化。

五、注意事项

（1）实验中不可碰破膀胱，以免尿液流出影响实验。

（2）提夹腹壁肌时只能夹肌层，不能牵连内脏器官。

六、思考题

（1）分析不同血管的血液流动特点及其生理机能适应机制。

（2）分析实验所用药物对血管活动的影响机制。

实验 28

家兔中心静脉压的测定

一、实验目的

（1）学习家兔中心静脉压测定的方法。

（2）了解测定中心静脉压的意义。

二、实验原理

中心静脉压（CVP）是指近右心房的胸腔大静脉或右心房的压力，取决于心脏和血管两方面的功能状态。当心脏的射血功能增强时，中心静脉压下降；反之，则上升。当静脉回流量增加时，中心静脉压上升；反之，则下降。用静脉导管由颈外静脉或股静脉插至右心房附近，外端连水检压计，可直接测得中心静脉压，以了解心脏与血管的功能。

三、实验对象与器材

（1）实验对象：家兔。

（2）实验器材：哺乳动物手术器械、兔体手术台、水检压计、静脉导管、纱布、棉球、丝线、注射器、生理盐水、20%的氨基甲酸乙酯溶液、肝素溶液（300单位/毫升）。

四、方法与步骤

（1）将家兔麻醉后，背位固定于兔体手术台上，剪去颈部的被毛。

（2）在喉头下缘，沿颈部正中线做一长约 6 cm 的皮肤切口。用止血钳分离右侧皮下结缔组织，以右手拇指和食指轻轻捏住分离的皮肤，并稍向外翻，即可看到贴于皮下的粗大的颈外静脉。用止血钳分离静脉外的结缔组织，使颈外静脉分离出约 3 cm，然后引入两线。一线在远心端结扎，另一线打一活结备用。耳缘静脉注入肝素溶液（每千克体重 300 单位）。

（3）将水检压计下端通过乳胶管三通管与静脉导管相连，用注射器注入生理盐水，夹闭乳胶管。

（4）提起颈外静脉的结扎线，用眼科剪在结扎处稍下方做一斜形切口，将静脉导管由切口处向心插入 9 ～ 10 cm，一般即可插至心房附近的腔静脉。用另一线将静脉导管结扎固定。移去乳胶管上的止血钳，在水压与静脉压达到平衡以后，可见到水面随呼吸而搏动。每隔 2 min 测定一次中心静脉压的数值，共测定 5 次，求其均值 ± 标准差。

五、注意事项

（1）静脉导管的插入深度随动物的大小略有差别。一般导管插至右心房时即感到阻力较大，此时需退出少许，以免导管口堵塞。

（2）静脉导管可取用直径 2 mm 塑料管。塑料管硬度要适中，过硬易刺穿血管，过软则不易插入。

（3）水检压计零点应与心脏同一水平，一般与腋中线一致即可。零点以下应标出一定刻度的负值，因为兔的中心静脉压有时低于零。

六、思考题

中心静脉压的升高或降低说明了什么生理变化？

实 验 **29**

几种动物心电图的描记

一、实验目的

（1）学习描记几种动物心电图的实验方法。

（2）了解鱼类、两栖类、爬行类、鸟类和哺乳类典型动物正常心电图的波形。

二、实验原理

在动物进化过程中，虽然心脏的结构和功能不断变化，逐渐完善，但心肌细胞的基本电活动却大同小异。整个心脏的综合性电变化也可通过动物体作为容积导体，传导到动物的体表，并记录到心电图机上。动物的心电图与人的心电图相似，基本包括 P 波、QRS 波群和 T 波。但由于某些动物（如鳝鱼、乌龟）心电活动的电压偏低，在 I 导联上常常描记不出明显的波形。另外，在一些动物心电图的 QRS 波群中，Q 波较小或缺如。在变温动物中，心率受温度或其他方面的影响较大。

三、实验对象与器材

（1）实验对象：鳝鱼、实验蛙、乌龟、家鸽、家兔（或狗、猫）。

（2）实验器材：常用手术器械、心电图机（或示波器）、动物手术台、蛙板、针形电极（注射针头）、粗砂纸。

四、方法与步骤

（一）动物的固定

本实验采用不麻醉方法，进行正常心电图描记。根据不同动物的特点，采用不同的固定方法。

（1）鳝鱼：将体表的黏液用纱布擦去，置于用粗砂纸铺垫的实验台上。鳝鱼由于失去了体表的黏液，又被置于粗糙的表面上而丧失运动能力。

（2）实验蛙：将实验蛙背位固定于蛙板上。开始时实验蛙出现挣扎，固定后需要使其安静 20 min 左右方可进行描记。

（3）乌龟：将乌龟背位放置于实验台的棉垫上，即可描记清醒状态下的心电图。但由于乌龟在安静情况下，头部和四肢易于自发运动而出现肌电干扰，故在每次描记之前，需轻度刺激腹甲，以保证在安静情况下进行心电图描记。

（4）家鸽：将家鸽背位放置于解剖台上，以鸟头固定夹固定其头部，而后以缚带将两翼固定于解剖台的侧柱上。

（5）家兔：将清醒家兔强行背位固定于解剖台上，常规固定其头部和四肢，但需拉紧缚带。在开始固定时家兔有较大的挣扎，一般需要使其安静 20 min 左右，方可进行心电图描记。

（二）电极安放

（1）鳝鱼：以 4 个针形电极刺入鳝鱼两侧中线皮下，其部位约在心脏的上下 5 cm 的两侧侧线上。距离愈远，电压愈低。如欲描记胸前导联心电图，可把电极插入心尖部皮下。

（2）实验蛙：以针形电极刺入实验蛙四肢皮下。描记胸前导联时，可将电极刺入心尖部皮下。

（3）乌龟：以针形电极自前肢肩部皮肤和后肢腋前部皮肤刺入皮下。

（4）家鸽：取两针形电极分别插入左右两翼相当于肩部的皮下，两翼的电极则需插入股部外侧皮下，切勿插入跖部。胸前导联电极安放时，以胸前龙骨突的正中线最顶端之上缘向下 1.5 cm 处为起点，由起点向左侧外侧 1.5 cm 处为 V1，V1 再向外侧 1.5 cm 处为 V3。根据鸟类的心脏胸骨面几乎全部为右心室外壁的解剖特点，V5 应在左翼的腋后线外下部 1.5 cm 处。以针形电极分别插入以上各点之皮下，可得到 V1、V3、V5 的心电图。

（5）家兔：前肢两针形电极分别插入肘关节上部的前臂皮下，后肢两针形电极分别插入膝关节上部的大腿皮下。胸前导联可参照人的相应部位安放，即 V1 为胸骨右缘第四肋间；V2 为胸骨左缘第四肋间；V3 为 V2 与 V4 连线的中点；V4 为左锁骨中线与第 5 肋间之中点；V5 为左腋前线与 V4 同一水平；V6 为左腋中线与 V4 同一水平。

（三）导线的连接与仪器的安装

（1）如使用心电图机描记，以 5 种不同颜色的导联线插头分别与动物体的相应部位的针形电极连接。上肢：左黄、右红（鳝鱼心脏上部的两电极和家鸽两翼的两电极相当于上肢部位，亦为左黄、右红）；下肢：左绿、右黑（鳝鱼心脏下部的两电极）；胸前白。

（2）接通电源按照要求将心电图机面板上各控制钮置于适当位置。在心电图机妥善接地后接通电源，预热 5 min。

（3）调节基线旋动基线调节钮，使基线位于中间位置。

（4）确定走纸速度一般为 25 mm/s。但某些动物心率过快时，可将走纸变速开关拨至 50 mm/s。

（四）测定

（1）输入标准电压打开输入开关，在热笔预热 5 min 后，重复按动 1 mV 定标电压按钮，使描笔向上移动 10 mm（实验蛙、家兔与家鸽）或 20 mm（乌龟与鳝鱼），开动记录开关，记下标准电压曲线。

（2）记录心电图旋动导联选择开关，依次记录 Ⅰ、Ⅱ、Ⅲ、aVR、aVL 和 aVF 6 个导联的心电图。如要描记胸导联心电图，可将导联选择开关拨至 V 处进行描记。每记录一个导联的心电图后，需在心电图纸上记下其导联。

（3）记录完毕，取下针形电报，将心电图机面板上的各控制钮恢复原位，最后切断电源。

（4）取下记录纸，记下实验动物的种类和性别、室温及实验日期。

（5）测量Ⅱ导联P波、QRS波群、T波振幅，P–R、R–R和Q–T间期，并计算其心率。

五、注意事项

（1）在清醒动物上进行心电图描记必须保证动物处于安静状态，否则动物挣扎，肌电干扰甚大。为此，在固定动物后必须让其稳定一定时间，而后描记心电图。

（2）针形电极与导联连接必须紧密。

（3）记录心电图过程中，每次变换导联时必须先将输入开关切断，待导联变换后再开启。每换一次导联，均须观察基线是否平稳及有无干扰，如基线不稳或有干扰存在，须调整或排除后再进行记录。

六、思考题

比较不同实验动物之间心电图的异同。

实 验 30

神经和体液调节对家兔动脉血压影响的观察

一、实验目的

（1）学习直接测量动物动脉血压的方法。

（2）观察家兔颈迷走神经、交感神经和减压神经以及药物对动脉血压的影响。

二、实验原理

将动脉导管插入颈动脉的向心端，测得动脉血压的端压，该压力的变化经过血压换能器转换成电信号之后输入生理信号采集处理系统中进行处理，在计算机屏幕上显示出动脉血压曲线。

动脉血压主要受神经和体液调节，支配心血管的神经主要是心交感神经、迷走神经和交感缩血管神经。心交感神经兴奋释放去甲肾上腺素，作用于心肌膜上的 $\beta1$ 受体，导致心率加快，收缩力量增强，心排血量增加，动脉血压升高；心迷走神经兴奋释放乙酰胆碱，作用于心肌膜上的 M 受体，导致心率减慢，收缩力量减弱，动脉血压降低；交感缩血管神经兴奋释放去甲肾上腺素，作用于血管平滑肌的 α 受体上，导致血管收缩，外周阻力增大，动脉血压升高。神经系统对动脉血压的调节是依靠反射活动完成的，其中最主要的是压力感受性反射，即减压反射。这种反射的压力感受器存在于颈动脉窦和主动脉弓上，传入神经为减压神经和窦神经。家兔的主动脉神经在解剖上为独立的一支，称为减压神经。电刺激该神经，可以观察到减压反射活动。此外，动脉血压的变动还受体液因素的调节，静脉注射某些受体激动剂或者拮抗剂，可观察到动脉血压的变化。

三、实验对象与器材

（1）实验对象：家兔。

（2）实验器材：哺乳动物手术器械（手术刀、粗剪刀、手术剪、眼科剪、止血钳、镊子等），兔体手术台，动脉夹，气管插管，动脉导管，RM6240E多道生理信号采集处理系统，血压换能器，手术灯，铁支架，保护电极，有色丝线，注射器，20%的乌拉坦溶液，肝素溶液（1 000 单位/毫升），肾上腺素溶液（1∶10 000），去甲肾上腺素溶液（1∶10 000）。

四、实验方法与步骤

（一）准备检压系统

将动脉导管与血压换能相连，通过三通开关用肝素溶液充灌血管换能器和动脉导管，将其中的气体排出，关闭三通开关。如果血管换能器没有定标，要进行定标。

（二）动物实验准备

（1）将实验动物称重、麻醉和固定：在家兔三耳缘静脉处注射乌拉坦溶液，剂量为 5 mL/kg，之后将它固定在兔体手术台上。

（2）手术：剪去家兔颈部的毛，沿正中线切开皮肤 5 ～ 7 cm，用止血钳纵向分离皮下组织，分开颈部肌肉，暴露气管。在气管的下方穿一条线备用，在甲状软骨的下方约 1 cm 处剪一"丁"字形切口，插入气管插管，用备用线结扎。将切口边缘的组织向下拉开，可以见到在气管两侧与气管并行的左右颈总动脉鞘，鞘内有迷走神经、交感神经和减压神经与颈总动脉伴行，仔细辨认三条神经：迷走神经最粗大，交感神经次之，减压神经最细，常与交感神经紧贴在一起。用玻璃分针仔细分离右侧的三条神经和颈总动脉，分离长度为 2 ～ 3 cm，并在每条神经和血管下穿一条不同颜色的线（图 3-30-1）。

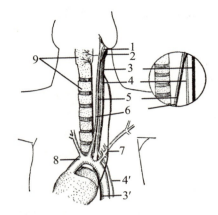

1. 颈动脉窦；2. 窦神经；3 和 3′. 迷走神经；4 和 4′. 交感神经；5. 减压神经；
6. 颈总动脉；7. 迷走心神经；8. 主动脉弓；9. 喉及气管。

图 3–30–1　家兔颈部气管、神经和血管位置示意图

（3）动脉插管：分离左侧颈总动脉，尽可能向头端游离，穿线并结扎头端血管。用动脉夹封闭近心端血管，距离头端结扎处约 2 cm 处进行穿线备用。用眼科剪在近头端结扎处做一个向心的斜向切口，将动脉插管向心脏方向插入动脉内，用备用线扎紧血管和动脉导管，利用头端结扎线再次将动脉导管扎牢，并使动脉导管和动脉保持在一条直线上，防止导管滑脱。导管另一端与血压换能器相连，血压换能器与动物心脏在一个水平线上。

（4）注射肝素：在耳缘静脉处按照 1 000 单位/千克体重的剂量注射肝素，等肝素在家兔血液中分布均匀之后再进行下面实验。

（三）准备实验装置

（1）将血压换能器与 RM6240E 多道生理信号采集处理系统相连，将刺激电极的输入端与刺激输出端相连，刺激电极的输出端与保护电极相连。

（2）调零和定标：在实验前调整好实验系统，进行调零和定标。

（3）启动 RM6240E 多道生理信号采集处理系统，在实验窗口下点击循环栏目，选择"兔动脉血压调节"实验项目。

（四）实验观察

（1）选择实验参数。

（2）打开动脉夹，记录静息状态下的动脉血压曲线，观察正常血压曲线、心率和血压参数（图 3-30-2）。

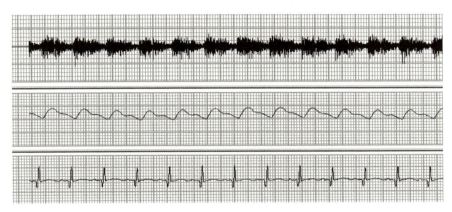

图 3-30-2　家兔减压神经放电的电信号（上）、血压（中）和心电图（下）波形

（3）用动脉夹夹住右颈总动脉 15 s，观察血压和心率变化。

（4）将右侧减压神经置于保护电极上，点击刺激按钮观察完整减压神经时血压和心率的变化。

（5）用两根丝线分别结扎减压神经中部的两点，两点中间将减压神经剪断，分别用电刺激减压神经的中枢端和外周端，观察血压和心率的变化。

（6）结扎右侧迷走神经，在结扎处的头端剪断该神经，然后用保护电极刺激迷走神经的外周端，观察血压和心率的变化。

（7）在耳缘静脉处注射肾上腺素或者去甲肾上腺素 0.3 mL，观察血压和心率的变化。

五、注意事项

（1）麻醉药物的剂量不要过大，并且注射过程尽量在 3 min 之内完成。

（2）如果室内温度较低，可以用手术灯给动物保温，以免麻醉时使体温过度下降。

（3）各个观察项目要在动物恢复正常活动之后进行，记录必须有前后对照。

六、思考题

（1）动物为什么要注射肝素？在手术前注射好还是在手术后注射好？

（2）刺激减压神经的中枢端和外周端对血压和心率的影响有什么不同？为什么？

（3）迷走神经为什么要切断后再刺激外周端，结果如何？为什么？

（4）注射去甲肾上腺素后，血压上升，此时心率有什么变化？为什么？

蛙类离体心脏灌流的观察

一、实验目的

（1）学习离体蛙心灌流的方法。

（2）观察钾离子、钠离子、钙离子、肾上腺素、乙酰胆碱等因素对心脏活动的影响。

二、实验原理

作为蛙心起搏点的静脉窦能够按照一定节律自动产生兴奋，只要给离体失去神经支配的蛙心保持在适宜的环境中，在一定时间内就可以产生节律性的兴奋和收缩。

心脏的节律性收缩活动有赖于内环境理化因素的相对稳定，细胞外钠离子、钾离子、钙离子浓度的改变均会影响心肌细胞的自律性、收缩性、兴奋性和传导性，从而表现为心肌活动的变化。此外，正常心肌活动受交感和副交感神经的支配，心肌细胞上分布有肾上腺素和乙酰胆碱的受体。因此，改变灌流液的成分，可以引起心脏活动的改变。

三、实验对象和器材

（1）实验对象：蟾蜍或牛蛙。

（2）实验器材：RM6240E多道生理信号采集处理系统、蛙类解剖器械、蛙钉、蛙板、滴管、蛙心夹、蛙心插管、微调固定器、铁支架、滑轮、搪瓷杯、缝线、张力换能器、培养皿、稳压电源、任氏液、0.65% 的氯化钠溶液，3% 的氯化钙溶液，1% 的氯化钾溶液，肾上腺素溶液（1 ： 5 000）和乙酰胆碱溶液（1 ： 10 000）。

四、实验方法和步骤

（一）离体蛙心的制备

（1）取实验蛙一只，毁坏脑和脊髓，将其仰卧固定在蛙板上。在剑突处将胸部皮肤剪开或者剪掉，剪断胸骨，打开心包，暴露心脏，观察心脏结构（图 3-31-1 左）。

（2）在主动脉下方引两条线，一根在左主动脉上端结扎做插管时牵引用，另外一根在动脉圆锥上方，系一松结，用于结扎和固定蛙心插管。

（3）左手持左主动脉上方的结扎线，用眼科剪在松结左上方的左主动脉根部剪一斜口，右手将盛有少许任氏液的蛙心插管由剪口处插入动脉圆锥。当插管的头部到达动脉圆锥时，再将插管稍稍后退，并转向心室中央方向，在心收缩期插入心室（图 3-31-1 右）。判断蛙心插管是否插入心室，可以观察管内任氏液是否随着心脏的收缩而上下波动。如果蛙心插管已经进入心室，则将预先准备好的松结扎紧，并固定在蛙心插管的挂钩上，以免蛙心插管滑出。

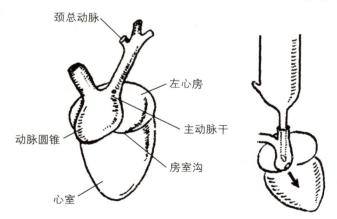

图 3-31-1　蛙心脏组成示意图（左）和插管方法（右）

（4）轻轻提起蛙心插管以抬高心脏，用细线在静脉窦与腔静脉交界处做一结扎，在结扎线的外侧剪断所有组织，将蛙心游离出来。

（5）用新鲜的任氏液反复冲洗蛙心插管里的液体，直至无血液残留为止。此时，离体蛙心制备成功。

离体蛙心灌流

（二）实验装置

（1）按照图 3-31-2 将蛙心插管固定在铁支架上，用蛙心夹在心室舒张期夹住蛙心，并将蛙心夹的线头经过滑轮连接到张力换能器上，保持线有一定的张力。

（2）将张力换能器的输出线接到 RM6240E 多道生理信号采集处理系统上，启动计算机。

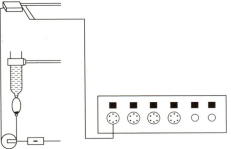

图 3-31-2 蛙心灌流仪器连接方法

（三）实验观察

打开 RM6240E 多道生理信号采集处理系统软件，进入采集分析系统，在实验菜单栏选择"循环"类实验的"蛙心灌流"，"标尺及处理区"选择"显示刺激标注"。实验过程中，每次加药和换液时，单击采样窗口右上方的"标记"按钮，在曲线上方会显示标记。

（1）描记正常的蛙心波动曲线，观察心脏搏动频率、心室收缩和舒张程度及基线的变化。

（2）置换任氏液对心搏曲线的影响：蛙心插管内的任氏液全部更换为0.65%的氯化钠溶液，观察心搏频率、心室收缩与舒张程度及基线的变化。出现明显变化后，用新鲜的任氏液反复冲洗 3 次，待曲线恢复正常。

（3）增加细胞外钠离子浓度对心搏曲线的影响：在插管内任氏液中加入

5%的氯化钠溶液 3 ~ 5 滴，观察心搏频率、心室收缩与舒张程度及基线的变化，出现明显变化后，用新鲜的任氏液反复冲洗 3 次，待曲线恢复正常。

（4）增加细胞外钙离子浓度对心搏曲线的影响：在插管内任氏液中加入2%的氯化钙溶液 3 ~ 5 滴，观察心搏频率、心室收缩与舒张程度及基线的变化，出现明显变化后，用新鲜的任氏液反复冲洗 3 次，待曲线恢复正常。

（5）增加细胞外钾离子浓度对心搏曲线的影响：在插管内任氏液中加入1%的氯化钾溶液 1 ~ 2 滴，观察心搏频率、心室收缩与舒张程度及基线的变化，出现明显变化后，用新鲜的任氏液反复冲洗 3 次，待曲线恢复正常。

（6）肾上腺素对心搏曲线的影响：在插管内任氏液中加入肾上腺素溶液1 ~ 2 滴，观察心搏频率、心室收缩与舒张程度及基线的变化，出现明显变化后，用新鲜的任氏液反复冲洗 3 次，待曲线恢复正常。

（7）乙酰胆碱对心搏曲线的影响：在插管内任氏液中加入乙酰胆碱溶液1 ~ 2 滴，观察心搏频率、心室收缩与舒张程度及基线的变化，出现明显变化后，用新鲜的任氏液反复冲洗 3 次，待曲线恢复正常。

五、注意事项

（1）仔细制备离体蛙心，不要伤及血管。

（2）更换药品或者任氏液时，应在 RM6240E 多道生理信号采集处理系统中做标记，以便分析。

（3）灌流液的作用一旦出现，应立即用新鲜任氏液换洗蛙心，以免心肌受损，必须心跳恢复正常后方能进行下一步实验。

（4）蛙心插管内的液面高度应保持恒定。

（5）吸取新鲜任氏液的吸管与吸取插管内溶液的吸管分开。

六、思考题

（1）为什么蛙心插管中的液面在实验过程中要保持一致？

（2）加入各种溶液后，蛙心搏动曲线发生了哪些变化？说明了什么问题？

家兔呼吸运动的观察

一、实验目的

（1）学习记录家兔呼吸运动曲线的方法。

（2）观察血液理化因素改变对家兔呼吸运动的影响。

（3）了解肺牵张反射在呼吸运动调节中的作用。

二、实验原理

肺的通气由呼吸肌的节律性收缩完成，呼吸由呼吸中枢的节律控制。机体内外各种刺激可以直接作用于呼吸中枢或者外周感受器，反射性地影响呼吸运动。肺牵张反射是保证呼吸运动节律的机制之一。血液中的氧气分压、二氧化碳分压、氢浓度的改变刺激中枢和外周感受器，产生反射性调节，是保证血液中气体分压稳定的重要机制。

三、实验对象和器材

（1）实验对象：家兔。

（2）实验器材：RM6240E多道生理信号采集处理系统、哺乳动物手术器械、兔体手术台、呼吸换能器、氮气气囊和二氧化碳气囊、刺激电极、气管插管、20%的乌拉坦溶液、2%的乳酸溶液、生理盐水、橡胶管等。

四、实验方法与步骤

（一）实验动物的麻醉和固定

给家兔注射 20% 的乌拉坦溶液，剂量为 5 mL/kg 体重，并将其固定在兔体手术台上。

（二）手术操作

分离迷走神经，进行气管插管，方法参照实验 30。

（三）实验装置

将呼吸换能器与生理信号采集处理系统相连接，皮管连接气管和呼吸换能器。

（四）启动计算机，打开生理信号采集处理系统

选择"呼吸运动调节"实验项目，记录正常呼吸运动曲线：记录一段正常呼吸运动曲线，观察吸气相、呼气相、呼吸幅度、呼吸频率。观察胸膜腔内压力随着呼吸运动的变化。

（1）二氧化碳对呼吸运动的影响：将二氧化碳气囊管口与气管插管的通气管用小烧杯罩住（吸入气体中含有较多二氧化碳，避免气流直接冲击气道），观察呼吸运动的变化。移开气囊和烧杯，待呼吸恢复正常后，进行下一个实验。

（2）缺氧对呼吸运动的调节：方法同上，将氮气气囊打开，使家兔吸入较多氮气，造成缺氧，观察呼吸运动的变化。将氮气气囊和烧杯移开，观察呼吸运动的恢复过程。

（3）增大无效腔对呼吸运动的影响：将长约 40 cm 的橡胶管连接到气管插管的侧管上，观察呼吸运动的变化。

（4）血液氢离子浓度升高对呼吸运动的调节：静脉注射乳酸溶液，观察呼吸运动的变化。

（5）迷走神经在呼吸运动调节中的作用：切断一侧迷走神经，观察呼吸运动是否发生变化；切断另一侧迷走神经，对比前后呼吸运动的变化。刺激迷走神经的中枢端，观察呼吸运动的变化。

五、思考题

（1）比较氧气分压、二氧化碳分压、氢离子浓度升高对呼吸运动影响的异同点，分别说明它们的作用途径。

（2）切断一侧、两侧迷走神经，呼吸运动会发生什么变化？为什么？

（3）刺激迷走神经的中枢端，呼吸运动会发生什么变化？为什么？

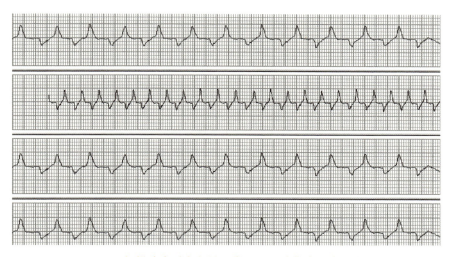

图 3-32-1　不同扫描速度时家兔的正常呼吸运动曲线（流量为 12.5 mL/s）

实 验 33

鱼类耗氧量及温度对其影响的测定

一、实验目的

（1）掌握鱼类耗氧量的测定方法。

（2）了解外界水温对鱼类耗氧量的影响。

（3）掌握溶氧量测定的基本方法。

二、实验原理

在一个流水系统中，当不同温度的水以一定的速度流过呼吸室时，由于鱼类的呼吸作用，消耗了水中的溶解氧。通过测定呼吸室进水口和出水口溶解氧和水流量，即可计算出某一温度下鱼的耗氧量。本实验采用温克勒（Winkler）滴定法测定水中的溶氧量。

三、实验对象与器材

（1）实验对象：鲫鱼、金鱼、罗非鱼或牙鲆。

（2）实验药品：硫酸锰溶液：称取 480 g 四水硫酸锰（$MnSO_4 \cdot 4H_2O$）或 364 g 一水硫酸锰（$MnSO_4 \cdot H_2O$）溶于水，用水稀释至 1 000 mL。碱性碘化钾溶液：称取 500 g 分析纯氢氧化钠溶解于 300 ～ 400 mL 水中，另取 150 g 碘化钾溶于 200 mL 水中，待氢氧化钠溶液冷却后，将两溶液混合，用水稀释至 1 000 mL。此溶液不能有碳酸盐存在，如果有沉淀需先过滤。溶液贮于棕色瓶中。浓硫酸（相对密度 1.83 ～ 1.84）。硫代硫酸钠溶液：称取 6.2 g 五水硫代硫酸钠（$Na_2S_2O_3 \cdot 5H_2O$）溶于煮沸放冷的水中，加入 0.2 g 五水硫代硫酸钠，用水稀释至 1 000 mL。溶液贮于棕色瓶中，使用前用 0.025 0 mol/L 的重铬酸钾（$K_2Cr_2O_7$）标准溶液标定。1%的淀粉溶液：取 2 g 淀粉，先加少量水调成糊状，再加入沸水至 200 mL，冷却后加入 0.1 g 水杨酸或 0.4 g 氯化锌防腐。

（3）其他器材：酸式滴定管、滴定架、250 mL 有塞广口瓶、250 mL 锥形瓶、移液管、水槽或水族箱、鱼类呼吸室（可以由塑料盒或广口瓶或带胶塞的直径较大的塑料管制成）。

四、实验方法与步骤

（一）仪器的连接

测定鱼类耗氧量的实验装置可分为流水装置和静水装置。本实验采用静水装置，在一个恒温的水槽（或水族箱）中，放一个鱼类呼吸室。提前测定各样品瓶盛满水并塞紧瓶塞时的实际水容积，做好记录。调整各实验组水槽温度，使其分别恒温在 20℃、25℃、30℃。将鱼称重后放入呼吸室，用垫板升、降样品瓶的位置以调节出水的流速。水的流速通过收集一定时间内溢出样品瓶的水量来测定，流速约为 1 mL/（min·g）体重。但该实验装置测定鱼类的耗氧量一般要求在 1 h 内能完成所有样品的采集。因为当水槽中的水位下降到一定水平时水的流速会变慢，需要重新调整流速。

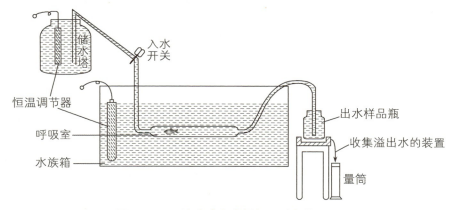

图 3-33-1　流水式鱼类耗氧量测定装置图

（二）实验项目

（1）取水样：经过约 1 h，待呼吸室和样品瓶中的氧达到平衡后，开始从呼吸室出口处取水，作为出水口的水样。取水样时，应将连通呼吸室的导管插入瓶底，并令水外溢 2～3 瓶的体积；提出导管时，应边注入水，边往上提，立即盖紧瓶塞。

（2）同时取水槽（或水族箱）中的水样作为进水口的水样。

（3）溶解氧的固定：将移液管插入样品瓶液面下方约 0.5 cm，向水样中加入 1 mL 硫酸锰溶液、2 mL 碱性碘化钾溶液，立即盖好瓶塞，颠倒混合，静置 3～4 min。

（4）酸化，析出碘：待瓶中沉淀下沉到瓶的 1/2 高度时，小心打开瓶塞，立即再用移液管插入液面约 0.5 cm，加入 2 mL 硫酸。小心盖好瓶塞，来回剧烈摇动样品瓶，使其充分混合，直至沉淀全部溶解，并有碘析出。放在暗处 5 min。

（5）滴定：用移液管取 50 mL 经上述处理过的水样于 250 mL 锥形瓶中，立即用硫代硫酸钠溶液滴定，至水样呈淡黄色时，加入 1 mL 1% 的淀粉溶液，继续滴定至蓝色刚好消失，记录硫代硫酸钠溶液的用量。每一实验组做 3 个平行样品，取平均值。

五、注意事项

（1）水样采集和处理整个过程不能有气体进入，如样品瓶中有气泡，则样品作废。

（2）硫代硫酸钠溶液需要标定。

六、思考题

结合实验数据分析水温对鱼类耗氧量的影响。

实 验 34

家兔胃肠运动的观察

一、实验目的

观察动物体内的胃肠运动及调节。

二、实验原理

胃肠道平滑肌经常维持着一定的紧张性收缩，在体内受神经和体液的调节。在神经及某些药物的作用下，这种紧张性及运动节律可发生改变。

三、实验对象与器材

（1）实验对象：家兔（实验前需喂食）。

（2）实验器材：常用手术器械、保护电极、刺激器、注射器、手术台、20%的氨基甲酸乙酯溶液、乐氏液、阿托品注射液（0.5 mg/mL）、新斯的明注射液（1 mg/mL）。

四、方法与步骤

（一）食管蠕动的观察

用氨基甲酸乙酯溶液（1g/kg 体重）麻醉家兔，背位固定于手术台上。剪去其颈部的毛，沿颈部中线切开皮肤，分离肌肉，找出一侧迷走神经，穿两根线备用。分离咽喉下面一段长约 3 cm 的气管并切除，以便观察食管的蠕动。在气管的断端插入气管插管。观察下列实验项目：

（1）观察正常情况下食管有无蠕动。

（2）用中等强度的连续脉冲直接刺激食管，观察有何反应。

（3）刺激迷走神经，观察有无吞咽活动及食管蠕动波发生。

（4）将一侧迷走神经剪断，分别刺激其中枢端和外周端，观察食管的反应有何不同。

（二）胃肠运动的观察

将腹部的被毛剪去，自剑突沿腹中线切口，剖开腹腔，露出胃和肠。在膈下食管的末端找出迷走神经前支，套上保护电极。在左侧腹后壁肾上腺的上方找出左侧内脏大神经，套上保护电极。观察下列实验项目：

（1）正常情况下胃和小肠的运动，注意其紧张度（可用手指触胃以测其紧张度）。

（2）用连续脉冲刺激膈下迷走神经，观察胃肠运动的变化。

（3）用连续脉冲刺激左侧内脏大神经，观察胃肠运动的变化。

（4）由耳缘静脉注射新斯的明 0.2 ~ 0.3 mg，观察胃肠运动的变化。

（5）在新斯的明处理起作用的基础上，由耳缘静脉注射阿托品 0.5 mg，再观察胃肠运动的变化。

五、注意事项

为避免腹腔内温度下降及消化管表面干燥，影响胃肠运动，应经常用温热的生理盐水湿润。

六、思考题

（1）正常情况下胃肠运动有哪些形式？

（2）迷走神经和内脏大神经对胃肠运动有何作用？

实验 35

家兔离体小肠平滑肌运动的观察

一、实验目的

（1）观察各种因素对离体小肠平滑肌的影响。

（2）加深对消化道平滑肌特性的理解。

二、实验原理

消化管平滑肌与骨骼肌具有共同的特性，如具有兴奋性、传导性和收缩性。平滑肌具有自动节律性，较大的伸展性，兴奋性较低，收缩缓慢，对电刺激不敏感，对化学物质、温度和牵张刺激较为敏感等特性。上述特性可维持消化管内一定压力，使胃、肠等保持一定的形态和位置，以适应消化管内容物的理化变化等。

小肠平滑肌在体内受神经和体液因素的调节。将离体组织器官置于模拟体内环境的溶液中，可在一定时间内保持其功能。本实验通过测量离体小肠平滑肌的活动，在体外观察哺乳动物离体小肠平滑肌的生理特性。

三、实验对象与器材

（1）实验对象：家兔。

（2）实验器材：离体组织灌流装置、RM6240E多道生理信号采集处理系统、张力换能器（10 g）、铁支架、微调固定器、温度计、1 mL 的注射器、长针头、烧杯、台氏液、肾上腺素溶液（1∶10 000）、乙酰胆碱溶液（1 ： 10 000）、1%的氯化钙溶液、阿托品注射液（0.5 mg/mL）。

四、实验方法与步骤

（一）离体组织灌流实验装置的准备

先向中心管内加入台氏液 10 mL，在玻璃管壁上做个标记，实验时加入台氏液均加到这个标记。开启恒温槽，使其温度保持在 37℃。通气管用橡皮管与球胆相连，球胆内装有混合气体（95% 为氧气），向灌流装置内通气。台氏液的储瓶放在较高的位置，与肌槽入口相连（附恒温装置），以便更换溶液。

（二）制备标本

家兔耳部静脉空气注射使其昏迷，立即剖开腹腔，找到幽门盲囊和十二指肠的交界部，以此为起始取 20 ~ 30 cm 的小肠。先将肠管上的肠系膜减去，再剪断拟取的肠管两端，取出体外。分段剪成 2 cm 左右的肠管，置于 4℃ ~ 6℃的台氏液中反复洗涤。实验时，取一段肠管用细线在其两端各扎一结，一端固定在钩上，另外一端与张力换能器连接。

（三）连接实验装置（图 3-35-1）

（1）维持实验温度为 37℃。

（2）将球胆与通气管相连接，调节控制通气量控制阀。

（3）将小肠的一端固定在钩上，另外一端与张力换能器连接。

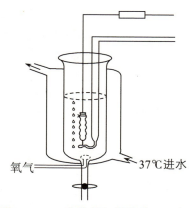

氧气　　　　　　　　　　　37℃进水

图 3-35-1　离体组织灌流装置示意图

（四）实验观察

（1）打开计算机，启动RM6240E多道生理信号采集处理系统，选择"离体肠肌运动"实验项目，设置实验参数。

（2）自动收缩节律观察：记录一段小肠平滑肌的收缩曲线，此时不给予任何刺激，观察曲线的节律、波形和幅度。

（3）缺氧的影响：记录一段正常的小肠段收缩曲线后，停止供气1 min并记录曲线变化，同时观察小肠段紧张度变化。出现明显变化后，立即恢复供气。用新鲜37℃台氏液冲洗，待其恢复正常。

（4）25℃台氏液的影响：记录一段正常的小肠段收缩曲线后，换入冷台氏液（25℃左右）并记录曲线变化，同时观察小肠段紧张度变化。出现明显变化后，立即用新鲜37℃台氏液冲洗，待其恢复正常。

（5）45℃台氏液的影响：记录一段正常的小肠段收缩曲线后，换入热台氏液（45℃左右）并记录曲线变化，同时观察小肠段紧张度变化。出现明显变化后，立即用新鲜37℃台氏液冲洗，待其恢复正常。

（6）氯化钙的影响：记录一段正常的小肠段收缩曲线后，在37℃台氏液中加入2～3滴氯化钙溶液，观察并记录曲线变化。出现明显变化后，立即用新鲜37℃台氏液冲洗，待其恢复正常。

（7）肾上腺素的影响：记录一段正常的小肠段收缩曲线后，在台氏液中加入2～3滴肾上腺素溶液，观察并记录曲线变化。出现明显变化后，立即用新鲜37℃台氏液冲洗，待其恢复正常。

（8）乙酰胆碱的影响：记录一段正常的小肠段收缩曲线后，在台氏液中加入2～3滴乙酰胆碱溶液，观察并记录曲线变化。出现明显变化后，立即用新鲜37℃台氏液冲洗，待其恢复正常。

（9）阿托品的影响：记录一段正常的小肠段收缩曲线后，在台氏液中加入1滴阿托品溶液和2～3滴乙酰胆碱溶液，观察并记录曲线变化。出现明显变化后，立即用新鲜37℃台氏液冲洗，待其恢复正常。结果与（7）进行比较。

五、注意事项

（1）取得小肠后立即放入充氧气的37℃台氏液中，取活力好的小肠段进行试验，实验过程中小肠一定要浸在台氏液中。

（2）上述药物剂量只是参考剂量，效果不明显可补加，每次加药出现效果后，必须立即更换浴槽内的台氏液并冲洗3次，以免平滑肌出现不可逆反应，待肠肌恢复正常活动后再观察下一项目，槽内台氏液要保持一定高度。

（3）实验操作要迅速，待平滑肌正常曲线出现后立即进行后续实验。

六、思考题

（1）试比较维持哺乳动物离体小肠和离体蛙心的条件有什么不同？

（2）根据实验结果说明平滑肌的生理特性。

实验 36

家兔尿生成调节的观察

一、实验目的

（1）学习输尿管插管技术。

（2）观察影响尿量的几种因素。

二、实验原理

尿的生成过程包括肾小球的过滤、肾小管与集合管的重吸收、肾小管与集合管的分泌三个过程。在体条件下，这三个过程往往受到生理性的调节。凡影响这些过程的因素，都可影响尿的生成而引起尿量的改变。

三、实验对象与器材

（1）实验对象：家兔。

（2）实验器材：兔体手术台、哺乳动物手术器械、信号采集系统、血压换能器、刺激器、保护电极、记滴器、动脉插管和膀胱插管（或细塑料管）、小漏斗、刻度试管、2 mL及20 mL注射器、20%的氨基甲酸乙酯溶液、20%的葡萄糖注射液、肝素生理盐水溶液（100单位/毫升）、生理盐水、10%的硫酸钠溶液、肾上腺素溶液（1∶10 000）、垂体后叶素（5单位/毫升）。

四、方法与步骤

（1）取家兔一只，用20%的氨基甲酸乙酯溶液（1 g/kg体重）耳缘静脉注射，麻醉后，背位固定于兔体手术台上，剪去颈部和下腹部的被毛。在颈部正中线切开皮肤，先分离出气管，插气管插管，再分离左侧颈总动脉和右侧迷走神经。在其下面各穿两根线备用。手术完毕后，用蘸温热生理盐水的纱布覆盖创面。

（2）在下腹部正中线做长约 4 cm 的皮肤切口，沿腹白线切开腹壁，用手轻轻将膀胱移出腹腔外，放于蘸温热生理盐水的纱布垫上，便可以进行插管。

（3）插管的两种方法如下所示。

① 输尿管插管导尿：认清输尿管进入膀胱背侧部位后，细心地分离出一侧输尿管。先在靠近膀胱处穿线结扎，再在离此结扎线约 2 cm 处穿一条线，用眼科剪在管壁上剪一斜向肾侧的小切口，插入充满生理盐水的细塑料管，用缚线结扎固定。将此导尿的塑料管连接至记滴装置，通过电磁标在信号系统上记录尿流量（滴/分钟）。如果不用记滴器，也可将导尿塑料管连接小漏斗及刻度试管，直接计算尿流量（mL/min）。

② 膀胱插管导尿：插管前亦应先认清膀胱和输尿管的解剖部位。用线结扎膀胱颈部，以阻断同尿道的通路。然后在膀胱顶部选择血管较少处，做一直径约 1.5 cm 的荷包缝合，在其中央沿纵向剪一小切口，插入膀胱插管（或膀胱漏斗）。把切口周围的缝线拉紧，结扎固定。插管口最好正对输尿管在膀胱的入口处，但不要紧贴膀胱后壁而堵塞输尿管。膀胱插管的另一端则用导管连接至记滴器或刻度试管，记录尿流量。手术完毕后，用温热的生理盐水纱布覆盖腹部创口。

（4）记录血压：在左颈动脉插入充满抗凝剂（柠檬酸钠溶液或肝素生理盐水）的动脉插管，记录血压。在血压曲线的下方，用三个电磁标依次标记尿流量（滴数）、刺激记号和时间间隔。动脉插管用橡皮管连接至血压换能器，换能器连接到生理记录仪的血压放大器的输入端，进行放大和记录血压。

（5）实验观察：待尿流量和血压稳定后，即可进行下列各项实验观察。每项实验开始时，都应先记录一段尿量和血压曲线作为对照；然后进行注射或刺激，并连续记录和观察至效应明显和恢复过程。将各项实验结果填入表 3-36-1。

表 3-36-1　各种因素对尿量的影响

影响因素	尿量滴/min		变化率/%	血压/kPa		变化率/%
	对照	实验		对照	实验	
生理盐水						
20%的葡萄糖溶液						
肾上腺素						
10%的硫酸钠溶液						
刺激迷走神经外周端						
垂体后叶素						

① 自耳缘静脉注射温热（38℃）的生理盐水 30 mL，观察血压和尿量的变化。

② 自耳缘静脉注射 20% 葡萄糖液 15 mL，观察其变化。

③ 自耳缘静脉注射肾上腺素溶液（1 : 10 000）0.5 mL，观察其变化。

④ 自耳缘静脉注射 10% 的硫酸钠溶液 4 mL，观察其变化。

⑤ 结扎并剪断右侧颈迷走神经，用中等强度的连续脉冲刺激其外周端 20 ~ 30 s，使血压降低至 6.66 kPa，观察尿量的变化。

⑥ 自耳缘静脉注射垂体后叶素 2 单位，观察其变化。

五、注意事项

（1）实验前给家兔多喂青菜，或用导尿管向家兔胃中灌入 40 ~ 50 mL 清水，以增加其基础尿流量。

（2）实验中需多次进行耳缘静脉注射，注射时应从耳缘静脉远端开始，逐步移近耳根。手术的创口不宜过大，防止动物的体温下降而影响实验。

（3）输尿管手术的难度较大，应注意防止导管被血凝块堵塞，或被扭曲而阻断尿液的流通。

六、思考题

（1）根据表 3-36-1 所记录的各项实验中尿量和血压等变化，试分析出现这些变化的机制。

（2）为什么注射垂体后叶素后，观察反应时间应长些，试从观察结果分析其抗利尿作用和缩血管作用。

实 验 37

鱼类胰岛素惊厥现象的观察

一、实验目的

了解胰岛素调节血糖水平的机能。

二、实验原理

胰岛素是调节机体血糖的激素之一。当体内胰岛素含量增高时，会引起血糖下降，动物出现惊厥。

三、实验对象与器材

（1）实验对象：牙鲆或金鱼。

（2）实验器材：胰岛素（2 单位/毫升）、10% 的葡萄糖溶液、500 mL 烧杯 2 个、500 mL 量筒 1 个。

四、方法与步骤

（1）准备 2 个烧杯分别作 A 和 B 记号。A 烧杯中加入 200 mL 水及 0.5 mL 胰岛素，B 烧杯中加入 200 mL 10% 的葡萄糖溶液。

（2）把一实验鱼放入 A 烧杯中，胰岛素通过鱼鳃的毛细血管循环扩散入血液，小心地观察实验鱼的行为，记录实验鱼出现昏迷所需的时间，并观察实验鱼出现昏迷时的活动。

（3）当实验鱼出现昏迷后，小心地将其转放入烧杯 B 中。观察实验鱼发生的变化，并记录实验鱼恢复活动所需的时间。

五、注意事项

（1）动物在实验前必须饥饿 18 ~ 24 h。

（2）因为胰岛素在酸性环境中才有效应，所以一定要用pH 2.5 ~ 3.5 的酸性生理盐水配制胰岛素溶液。

（3）酸性生理盐水的配制时将 10 mL 0.1 mol/L 的盐酸加入 300 mL 生理盐水中，调整其pH在 2.5 ~ 3.5，如果偏碱性，可加入同样浓度的盐酸调整。

（4）注射了胰岛素的动物最好放在 30℃ ~ 37℃ 环境中保温，夏天可为室温，冬天则应高些，可放在 36℃ ~ 37℃ 环境中。若温度过低，反应出现较慢。

六、思考题

根据实验结果分析胰岛素对机体血糖的调节作用。

甲状腺素对蝌蚪发育影响的测定

一、实验目的

观察甲状腺素对蝌蚪发育过程中形态变化的影响。

二、实验原理

蝌蚪一般生长 3 个月左右完成形态变化而成蛙。变态过程包括体部对尾部的吸收、前肢由鳃室伸出、头部形状改变、嘴变扁变大、鳃消失等体形改变。这一过程是受甲状腺素控制的。

三、实验对象与器材

（1）实验对象：同种同时孵化的蝌蚪（体长 5 ~ 10 mm）25 条。

（2）实验器材：1 000 mL 广口瓶 5 个、有孔匙羹、平底玻璃碟、方格纸（方格大小为 1 mm×1 mm）、绿藻、鲜牛肝、鲜牛甲状腺、甲状腺片（配成 2% 的溶液）、碘液。

四、方法与步骤

（1）将蝌蚪分别置于下列 5 个广口瓶内饲养，每瓶 5 条。第 1 瓶盛井水 50 mL+绿藻（少许）。第 2 瓶盛井水 50 mL+绿藻（少许）+鲜牛肝（磨碎）0.5 g。第 3 瓶盛井水 50 mL+绿藻（少许）+鲜牛甲状腺（磨碎）0.5 g。第 4 瓶盛井水 50 mL+绿藻（少许）+甲状腺片制成的溶液 20 mL。第 5 瓶盛井水 50 mL+

绿藻（少许）+碘液（少许）。将各瓶置于同一温度与同一光线下，每两天更换一次饲养液。

（2）每三天用有孔匙羹将蝌蚪捞起，放入一平底玻璃碟内，再将碟放于一方格纸上（方格为 1 mm × 1 mm），测量蝌蚪的长度，同时注意其形状的变化。

（3）将每次观察的结果进行记录整理。

五、思考题

（1）给蝌蚪喂饲甲状腺制剂对它的生长发育有哪些影响?

（2）如应用大剂量甲状腺制剂，蝌蚪的发育会有什么变化?

实　验 39

垂体激素对蛙卵巢活动影响的观察

一、实验目的

观察垂体激素对蛙卵巢活动的影响。

二、实验原理

垂体前叶分泌促性腺激素，能调节雌性机体的卵巢周期性活动。虽然两栖类的正常排卵是有季节性的，但也可以通过体外注射垂体激素而刺激其排卵。

三、实验对象与器材

（1）实验对象：雌性蟾蜍或牛蛙。

（2）实验器材：2 mL 注射器 2 只、500 mL 烧杯、小铁丝笼 2 个、垂体提取液、任氏液。

四、方法与步骤

（1）用注射器将 1 mL 垂体提取液从实验蛙的皮下注入腹淋巴囊后，将其放入小铁丝笼内，标记上"实验"标签。

（2）取另一只实验蛙，注入 1 mL 任氏液后放入另一小铁丝笼内，标记上"对照"标签。

（3）放置约 90 min 后，检查每只实验蛙的泄殖腔内是否有卵子。检查方法是用手握实验蛙，利用其腹部外翻的压力，使输卵管内少量卵被推出，在泄殖腔的开口处便可见到卵子。如没有见到卵子，可以放些时间再观察。

五、注意事项

实验蛙注射药液及任氏液时，注入的部位及体积要相同。

六、思考题

垂体前叶可分泌哪种与性腺有关的激素？有什么生理作用？

切除卵巢及注射雌激素对大白鼠动情周期影响的观察

一、实验目的

通过对大白鼠阴道涂片的观察，了解性周期中阴道上皮细胞的变化。

二、实验原理

对于周期性排卵的动物，伴随着性周期可见到生殖器官和附属生殖器官的变化。通常通过大白鼠的阴道涂片法，来观察性周期中阴道上皮细胞的变化，进而了解在性周期各个时期中卵巢的活动与性激素的变动。

（1）动情前期阴道的分泌物中，大部分是膨大而略呈圆形的有核上皮细胞，少量角化细胞，不含白细胞。

（2）动情期可见角化细胞很多，集合成块。

（3）动情后期可见大量的白细胞及少量的角化细胞。

（4）动情间期（非发情期）可见少量上皮细胞。

根据涂片观察所得结果，对照以上特征，即可判断大白鼠进入动情周期的哪一期。

三、实验对象与器材

（1）实验对象：雌性成年未孕大白鼠（或小白鼠）6只。

（2）实验器材：载玻片、哺乳动物手术器械、显微镜、吸管、盖玻片、生理盐水、乙醚、己烯雌酚、瑞特氏染料。

四、方法与步骤

（1）取雌性成年未孕大白鼠6只，分成3组：第一组为对照组；第二组为去卵巢组；第三组为去卵巢注射己烯雌酚组。

（2）取清洁载玻片3块，按上述分组做好记号，然后各滴入一滴生理盐水。

（3）用吸有生理盐水的吸管吸取阴道分泌物，然后涂到载玻片上，盖上盖玻片，不染色即可进行观察。如待涂片干后，用瑞特氏染料染色3～5 min，则细胞核被染色，细胞的形态更易辨认。

（4）用显微镜检查涂片，并判定其属于动情周期中的哪一期。

（5）卵巢摘除法：用乙醚将第二、三组大白鼠麻醉，腹位固定在手术台上，剪去腰部的被毛，用酒精消毒皮肤及手术器械。由距最后一根肋骨1 cm的尾侧开始，在背部正中切开皮肤约1 cm，从切口处向左、右分离皮肤。在脊柱两侧腹壁剪开一切口，肌肉的下面就是被脂肪组织包裹的卵巢，用镊子把大白鼠的卵巢连脂肪组织轻轻移到腹腔外，用线将卵巢与输卵管连接处结扎，然后摘除卵巢。缝合腹壁及皮肤切口。第一组大白鼠不摘除卵巢，只进行切开与缝合腹壁和皮肤手术。

（6）7～10 d后检查各组大白鼠的阴道涂片。如去卵巢后的大白鼠已进入动情间期，即给第三组大白鼠都皮下注射己烯雌酚25 μg。

（7）3 d后再涂片检查各组大白鼠阴道分泌物，观察它们进入动情周期中的哪一期。

五、注意事项

（1）去卵巢10 d左右，大白鼠阴道涂片应停留于动情间期（非动情期）。如仍在其他时期，则应饲养数天后再观察，亦应考虑卵巢是否已切除。

（2）手术后的大白鼠，最好分笼单独饲养。

六、思考题

（1）大白鼠摘除卵巢后，性周期产生怎样的变化？

（2）给第三组大白鼠注射己烯雌酚后，其性周期出现什么变化？为什么？

第四部分

研究创新型实验

研究创新型实验的基本程序

研究创新型实验的准备与实施

研究创新型实验案例（鱼类血液、消化、内分泌、排泄系统的综合实验）

动物生理学研究创新型实验参考题目

研究创新型实验的基本程序

一、实验目的

（1）在教师的指导下，根据科研实验室条件，以小组为单位进行选题和课题实施。

（2）学生在查阅资料的基础上，完成实验设计，解决某些生理学的实际问题。

二、实验原理

研究型创新实验是指应用已经学过的生理学和生物化学等相关知识，结合学生自己的兴趣和爱好，自行设计实验以解决水产科学生产实践中的具体问题。开展研究创新型实验之前，指导教师根据已有的实验条件为学生提供选题范围和实验要求等，学生自己查阅资料、设立题目、制定实施方案，经过指导教师审阅批准后执行。

三、实验方法与步骤

（1）由教师介绍开展研究创新型实验的目的、意义、选题、设计实验、实验准备、完成实验、整理结果及写出报告的全过程。

（2）由教师介绍本实验室的仪器设备及现有条件，力图使学生选出切合实际的课题。

（3）实验小组人员选择教师提供的课题或自行命题，并报教师审批。

（4）根据本组可选课题，分别查阅有关文献资料、分工负责、汇集讨论、最后写出实验设计，交教师审阅。

四、实验设计内容

（1）课题名称：由学生和指导教师共同商定。

（2）实验的目的、意义，最终要解决的关键问题。

（3）实验基本原理、实验依据、实验思路。

（4）使用的实验动物、器材等。

（5）拟观察指标及其采取的方法和技术。

五、实验设计的基本原则

（1）科学性：研究创新型实验属于科学研究范畴，实验设计必须有充分的科学根据，要求学生在进行实验设计时，以所在实验室的研究方向或自己的实验观察为基础。例如，在研究温度对鱼类耗氧量影响的时候，首先查阅大量资料，了解温度对鱼类耗氧量是否有影响，如果存在影响，作用在哪个环节，以及发生的机制是什么。在此基础上，可设计出指标明确、选材准确、有的放矢、科学性强的实验，使实验结果能明确地回答所提出的问题。

（2）严谨性：要想知道某些器官或系统的生理特征和发生机制，实验设计必须严谨、科学，考虑到各种可能发生的因素。如在生理学实验中要设置对照实验（包括某一处理前的正常对照或对照组），这样便于实验前后对比或组间比较，得出明确的结论。例如，观察某因素对动脉血压的影响时，必须记录施加某因素前的正常血压，而在撤除某因素后又须使血压恢复至正常水平。

（3）实验条件的一致性：在动物生理学实验中，除了处理因素外，其他基本实验条件必须保持前后一致，不能在实验过程中随意变动或者更换地点。例如，观察某因素对离体心脏收缩活动的影响时，必须严格控制实验条件，包括灌流液的流速、温度及刺激频率、强度与波宽；如果使用某些药物，则须控制药物的浓度、剂型与批号等。只有在实验条件完全一致的情况下，才能显示出处理因素对实验结果的影响。

（4）可重复性：重复、随机和对照是保证实验结果正确性的三大原则，多年来为研究者所公认。因此，在生理学实验中也必须注意实验的可重复性。任何实验都必须有足够的实验次数，才能判断结果的可靠性，不能只进行1～2次实验便作为正式结论。但由于本科生设计实验还不是系统的科学研究，只是初步了解实验设计方法，在具体实验时，应力求在花费最少的人力、物力和时间的条件下，得到精确的结果。

（5）动物的选择：在生理学实验中，实验动物及标本的选择是十分重要的。首先需要考虑动物的类别，因为某种动物可能对某些生理反应较为敏感，而另一些种类的动物则可能容易造成某种病理模型。例如，在研究鱼类繁殖和产卵行为的时候，最好使用斑马鱼，因为这种鱼容易大量饲养，在温度和光照满足的条件下，可以很容易被诱导排卵，整个实验过程容易被观察和记录；如果采用海水鱼类，由于饲养条件和鱼类繁殖对环境要求较高，很难在较短时间内完成实验。因此，在选择实验动物时，需要参考所在实验室研究者的经验，查阅相关文献。

（6）指标的选择：生理指标的选择应注意客观性、合理性与特异性。客观性是指该指标是客观存在的、不受人的意识改变、可以用比较简单和快速的方法观察或记录出来，如心率、血压、体温、呼吸频率、产卵量。但是，不同的实验设计所观察的生理指标差别很大，本科生可侧重选择明确、容易观察、稳定性好的指标，这样容易取得成功。

研究创新型实验的准备与实施

一、实验目的

通过实验准备及实验实施过程，训练和提高学生独立进行实验的能力，为开展科学研究工作奠定初步基础。

二、实验方法与步骤

（一）选题设计

选题设计时，首先任课教师为学生展示一些选题案例，并介绍选题设计需用的文献检索方法；然后选课学生自由组队，自主查阅资料（网络、书籍），结合感兴趣的理论知识点，与指导教师共同依据实验中心教学条件及选题目的确定创新型实验选题。

（二）方案编写

首先选题小组成员共同编写完整的实验方案，具体包括实验目的、实验原理、实验对象与器材、方法与步骤、注意事项等，然后与指导教师共同讨论并完善实验方案。

教师在充分掌握动物生理学相关课程体系及实验内容的同时，可借助院系多个科研发团队的专业智囊力量，并招募研究生助教，统筹分工合作，尽可能地为选题指导保证充足的专业知识和人力支撑。同时利用微信、QQ、学校混合课程教学平台等与选课学生加强交流，保证协助学生更高效地进行自主性实验设计。

（三）实验准备

由指导教师订购实验方案中的实验动物和器材，小组成员独立配置实验试剂，摸索实验器材使用方法，开展必要的预实验。

（四）实验开展

小组成员分工合作完成自主设计的实验方案，记录并分析实验结果，指导教师全程陪伴并记录每个成员的实验操作情况。

（五）实验报告

小组成员依据实际实验结果，进行科学的统计分析，写出实验报告，具体包括实验目的、实验原理、实验对象与器材、方法与步骤、结果与分析、结论及讨论等，其中结果包括文字、图片及视频形式。

三、评定考核

一个有效的评价体系，可以激发学生实验的积极性，激励创新性思维的开拓性。创新型实验首先要确立不单单以实验结果、实验报告为考核指标的原则，即无论实验成功与否，都需如实地撰写实验报告，失败时找出原因、对比分析总结，经验分值等同于实验成功的小组。此外，指导教师应在充分调研的基础上结合选课学生和助教的意见反馈，开展实验全过程考核评价，建立创新性、完成度、实验记录等多个方面的评价指标，形成有效激励学生动手实践和主动思考的自主性实验评价体系。建议各评价指标评价方式及分值占比如下所示。

1.创新度

自主性实验的创新度包含实验选题创新、实验过程（实验方法等）创新及结果整理讨论创新三个部分。结合学生的知识基础，关注小小的"创新"（微创新），占分值的30%。

2.完成度

自主性实验的完成度包括实验材料试剂准备、实验过程操作及组员分工合作。强调所设计实验的可操作性，考查学生利用现有实验室条件去完成自主设计实验的能力，同时关注团队分工合作，占分值的 40%。

3. 实验记录

实验记录的内容包括实验过程记录（文字、图片、视频等多种形式）、实验报告（完整性和真实性）、实验结果分析、实验收获与感想，占分值的 30%。

指导教师综合上述指标给出学生自主性实验的成绩，并将该实验成绩设定为整体实验课程成绩的 30%，结合课程的基本型实验和综合型实验成绩给出整个实验课程的成绩。

研究创新型实验案例（鱼类血液、消化、内分泌、排泄系统的综合实验）

一、实验目的

（1）掌握鱼类麻醉、尾静脉采血、器官暴露技术。

（2）测定红细胞的渗透脆性，即红细胞对低渗溶液的抵抗力；测定红细胞比容。

（3）掌握血液凝固的基本过程及其加速和延缓血液凝固的一些因素。

（4）鱼类消化系统的观察与描述。

（5）鱼类内分泌系统的观察与描述。

（6）排泄、呼吸、血液循环系统等其他系统的观察与描述。

二、实验原理

正常红细胞在低渗溶液中，膨胀、破裂，形成溶血。红细胞渗透脆性实验就是测定红细胞对于低渗溶液的耐受能力，耐受能力高的红细胞不容易破碎，脆性低。如果上层溶液开始呈淡红色，绝大多数红细胞下沉，表示开始溶血；如果溶液呈现均匀红色，管底无红细胞下沉，为完全溶血。

血液流出血管之后，迅速发生凝固。影响血液凝固的外源因素很多，包括温度、界面粗糙程度、抗凝剂、去除钙离子的方法等。

红细胞比容：从血管中抽出血液，放入加有抗凝剂的玻璃管中混匀，经离心沉淀后，管中的血液分为两层，上层是淡黄色的透明液体为血浆，下层是挤压得很紧的呈暗红色的红细胞。红细胞在血液中所占的容积百分比，称为红细胞比容。肝素能够增强抗凝血酶的作用，不影响血细胞体积，很少产生溶血，常用于红细胞比容测定。

鱼类消化系统的结构在种间存在很大差异，观察实验鱼类消化器官组成（口腔、食管、胃、肠道、盲囊等）、消化腺种类（胰腺、肝脏、胆囊等），并描述特征。

鱼类的内分泌器官包括下丘脑，脑垂体，甲状腺（硬骨鱼类的甲状腺呈弥散性，主要分布在腹主动脉和鳃区动脉的间隙组织、基鳃骨和胸舌骨肌附近，有的甚至弥散到眼、肾脏、脾脏等处），性腺（精巢、卵巢），胰岛，肾上腺（硬骨鱼类的嗜铬组织和肾上腺皮质发生联系并埋到皮质组织内，主要分布在后主静脉附近并和后肾接连），斯氏小囊（斯坦尼氏小体位于肾脏上或肾脏内，其数目因鱼类种类不同而不同，由 2 个到 50 多个成对地排列在肾脏的背侧后端，或者不规则散布在肾脏背侧，具有降钙作用），尾垂体（大多数硬骨鱼类的尾神经系统的神经分泌细胞的轴突伸长，微血管丛比较集中而形成裂片状的尾下垂体，参与渗透压调节）。其他器官包括肾脏、胸腺、心脏、鳃等的观察与描述。

三、实验对象与器材

（1）实验对象：鲫鱼或牙鲆，规格 200 ～ 500 g。

（2）实验物品：手术器械、试管、试管架、吸管、1%的氯化钠溶液、棉花、麻醉剂、EDTA2K（乙二胺四乙酸二钾）。

（3）主要仪器：离心机、冰箱等。

四、方法与步骤

（一）鱼类生物学指标测定

测量表 4-3-1 中的各项生物学指标并填写。

表 4-3-1　实验鱼类生物学指标记录

序号	体长 /cm	体重 /g	去内脏重 /g	肝重 /g	其他

（二）鱼类采血

鱼类心脏采血不适合连续多次取样，因此，实验中常采用尾静脉采血。首先将鱼类麻醉（M222），选取合适的注射器（干净注射器可以不加肝素等抗凝剂），从尾柄腹面斜向上方插入脊椎骨的血管棘之间，刺破静脉。轻轻拉动注射器产生负压，血液便可以徐徐进入针管。

（三）红细胞渗透脆性

（1）先将试管分别排在试管架上，按照表 4-3-2 将 1% 的氯化钠溶液稀释成不同浓度的低渗溶液，每个试管内溶液均为 2 mL。

表 4-3-2　低渗溶液稀释度表

管号	1	2	3	4	5	6	7	8	9	10
1% 的氯化钠溶液 /mL	1.40	1.30	1.20	1.10	1.00	0.90	0.80	0.70	0.60	0.50
蒸馏水 /mL	0.60	0.70	0.80	0.90	1.00	1.10	1.20	1.30	1.40	1.50
氯化钠 /%	0.70	0.65	0.60	0.55	0.50	0.45	0.40	0.35	0.30	0.25

（2）采取血液，并在上列各个试管中加入大小相等的血液 1 滴，然后用拇指堵住试管口，将试管慢慢倒置一两次，使血液与管内氯化钠溶液混合均匀。

（3）在室温中静置 1 h，观察结果。

（4）依据上述说明，判断开始溶血和完全溶血的氯化钠浓度，前者为红细胞的最小抗力，后者为红细胞的最大抗力。

（四）红细胞比容

采取血液 1 ~ 2 mL，放入离心管中，加入抗凝剂，调节离心机转速为 3 000 r/min，离心 5 min，计算红细胞体积占血液总体积的百分比。

（五）血液凝固

（1）凝血时的观察：血液流出到凝固所需要的时间。

（2）血液凝固的加速和延缓：取4个小试管，按照表4-3-3准备实验条件。每个试管迅速加入血液1 mL，每30 s倾斜试管一次，观察血液凝固是否发生，直至血液不再流动为止。记录血液凝固时间和现象，并填写表4-3-3。

表4-3-3　血液凝固实验条件及其结果记录表

管号	实验条件	凝血时间	现象记录
1	正常情况		
2	试管底部放少许棉花		
3	放在冰箱中保鲜		
4	加入抗凝剂		

（六）消化系统描述

填写表4-3-4。

表4-3-4　鱼类消化系统结构与形态描述

器官名称	位置	形态描述

（七）内分泌系统

填写表4-3-5。

表4-3-5　鱼类内分泌系统结构与形态描述

器官名称	位置	形态描述

（八）其他系统

填写表 4-3-6。

表 4-3-6　鱼类其他系统结构与形态描述

器官名称	位置	形态描述

五、注意事项

（1）配制的低渗溶液必须准确。

（2）各个试管中加入的血液滴大小尽量相等并充分摇匀，不要用力过大。

（3）取血时避免血液凝固和溶血。

（4）试管要编号，以免混淆。

（5）操作要仔细、认真，并做好记录。

（6）逐项填写相应的表格。

（7）拍摄主要器官的图片。

（8）用波恩氏液保存主要器官，进行组织学研究。

六、思考题

（1）提出加速或延缓血液凝固的其他方法。

（2）观察实验鱼在反复抽血时，是否出现溶血现象，为什么？

（3）硬骨鱼类消化系统的结构是否相同？如果不同，可能在什么器官上有区别？

（4）比较内分泌器官和外分泌器官有什么异同。

动物生理学研究创新型实验参考题目

　　可供选择的课题是多方面的，包括生理学课中各章的课题，可以包括验证基本理论、实验技术的革新以及解决生理学实验中存在的某些问题等的课题。由于各学校生理学实验室条件不一，科学研究方向有别，学生可以选择的题目也不尽相同。根据水产科学专业的要求，结合实验室的条件，在本科阶段可以侧重选择如下课题。

　　（1）牙鲆耗氧量测定及其环境因子的影响。

　　（2）南美白对虾摄食行为及其环境因子的影响。

　　（3）鲫鱼血红蛋白含量及其与环境因子的关系。

　　（4）光照周期和温度对海鲈鱼繁殖行为的影响。

　　（5）胰岛素对鱼类的血糖调节及鱼类行为观察。

　　（6）环境胁迫对鱼类血糖含量的影响。

　　（7）海鲈鱼黑色素细胞观察及体色的调节。

　　（8）注射外源激素对许氏平鲉行为的作用。

　　（9）性外激素对斑马鱼繁殖行为的影响。

　　（10）许氏平鲉对环境因子变动的生理响应。

第五部分

附录　动物生理学参数

　　动物是生理学实验的重要组成部分。生理学工作者应对常用实验动物的生物学特征、主要用途以及主要生理学数据有基本的了解，才能正确地选择与使用动物，获得可靠的实验结果。本附录选用几种实验动物较为常用的生理学数据，这些数据是由不同作者在不同实验条件下所得到的，把它们视为恒定不变的生理常数或正常值是欠妥当的。由于受到动物种类、品系、性别、年龄、动物数量、饲养条件、健康状况、实验条件及测定方法等多种因素的影响，因此只能作为参考。

一、家兔

（1）血容量：占体重的 8.7%（7% ~ 10%）

（2）心率：205 次/分钟（123 ~ 304 次/分钟）

（3）心排血量：2.8 L/min 或 0.11 L/（min·kg 体重）

（4）血压：收缩压 14.663 kPa（12.663 ~ 17.329 kPa）；舒张压 10.664 kPa（7.998 ~ 11.997 kPa）

（5）循环时间：右耳→左耳 4.8 s（3.4 ~ 7.2 s）；整体循环 10.5 s

（6）红细胞：$5.7 \times 10^6/mm^3$（4.5×10^6 ~ $7.0 \times 10^6/mm^3$）

（7）血红蛋白：11.9 g/100 mL 血液（8 ~ 15 g/100 mL 血液）

（8）血细胞比容：41.5 mL/100 mL 血液（33 ~ 50 mL/100 mL 血液）

（9）单个红细胞体积：61 μm^3（60 ~ 68 μm^3）

（10）单个红细胞大小：7.5 μm（6.5 ~ 7.5 μm）

（11）红细胞脆性最大抵抗：0.34% ~ 0.32%的氯化钠溶液

（12）红细胞脆性最小抵抗：0.46% ~ 0.42%的氯化钠溶液

（13）红细胞沉降速度：1 h, 1 ~ 3 mm; 2 h, 2.5 ~ 4 mm; 24 h, 25 ~ 50 mm

（14）红细胞相对密度：1.090

（15）血小板：（28 ± 2）$\times 10^4/mm^3$

（16）凝血时间：7.5 ~ 10.2 s

（17）白细胞：$9 \times 10^3/mm^3$（6×10^3 ~ $13 \times 10^3/mm^3$）

（18）白细胞分类：嗜中性白细胞数量 $4.1 \times 10^3/mm^3$（$2.5 \times 10^3 \sim 6.0 \times 10^3/mm^3$），占 46%（35% ~ 52%）；嗜酸性粒细胞数量 $0.18 \times 10^3/mm^3$（$0 \sim 0.4 \times 10^3/mm^3$），占 2%（0.5% ~ 3.5%）；嗜碱性粒细胞数量 $0.45 \times 10^3/mm^3$（$0.15 \times 10^3 \sim 0.75 \times 10^3/mm^3$），占 5%（2% ~ 7%）；淋巴细胞数量 $3.5 \times 10^3/mm^3$（$2.0 \times 10^3 \sim 5.6 \times 10^3/mm^3$），占 39%（30% ~ 52%）；大单核细胞数量 $0.725 \times 10^3/mm^3$（$0.3 \times 10^3 \sim 1.3 \times 10^3/mm^3$），占 8%（4% ~ 12%）

（19）血液 pH：7.35（7.21 ~ 7.57）

（20）血液黏稠度：4.0（3.5 ~ 4.5）

（21）全血相对密度：1.050

（22）呼吸频率：51 次/分钟（38 ~ 60 次/分钟）

（23）潮气量：21.0 mL（19.3 ~ 24.6 mL）

（24）每分通气量：1.07 L/min（0.80 ~ 1.41 L/min）

（25）排尿量：40 ~ 100 mL/d

（26）尿液 pH：8.0

（27）尿液相对密度：1.010 ~ 1.015

（28）排便量：14.2 ~ 56.7 g/d

（29）体温（直肠）：39.0℃（38.5℃ ~ 39.7℃）

二、狗

（1）血容量：占体重的 5.6% ~ 8.3%

（2）心率：120 次/分钟（100 ~ 130 次/分钟）

（3）心排血量：2.3 L/min

（4）血压：不麻醉时，收缩压 14.930 kPa（12.663 ~ 18.129 kPa），舒张压 7.465 kPa（5.732 ~ 8.798 kPa）；戊巴比妥钠麻醉时，收缩压 19.862 kPa（14.396 ~ 25.194 kPa），舒张压 13.330 kPa（9.997 ~ 16.263 kPa）

（5）循环时间：股静脉→颈动脉 7.0 s（6.0 ~ 8.0 s）

（6）整体循环：10.8 s（8.9 ~ 12.8 s）

（7）红细胞：$6.3 \times 10^6/mm^3$（$4.5 \times 10^6 \sim 8.0 \times 10^6/mm^3$）

（8）血红蛋白：14.8 g/100 mL 血液（11 ～ 18 g/100 mL 血液）

（9）血细胞比容：45.5 mL/100 mL 血液（38 ～ 53 mL/100 mL 血液）

（10）单个红细胞体积：66 μm^3（59 ～ 68 μm^3）

（11）单个红细胞大小：7.0 μm（6.2 ～ 8.0 μm）

（12）红细胞脆性最大抵抗：0.36% ～ 0.35% 的氯化钠溶液

（13）红细胞脆性最小抵抗：0.46% ～ 0.43% 的氯化钠溶液

（14）红细胞沉降速度：1 h，2.0 mm；2 h，4.0 mm；10 h，10 mm

（15）红细胞相对密度：1.090

（16）血小板：（21.86 ± 9.22）$\times 10^4/mm^3$

（17）凝血时间：6.5 ～ 9.0 s

（18）白细胞：（14.79 ± 3.48）$\times 10^3/mm^3$

（19）白细胞分类：嗜中性白细胞数量 $8.2 \times 10^3/mm^3$（$6.0 \times 10^3 \sim 12.5 \times 10^3/mm^3$），占 68%（62% ～ 80%）；嗜酸性粒细胞数量 $0.6 \times 10^3/mm^3$，占 5.1%（2% ～ 14%）；嗜碱性粒细胞数量 $0.085 \times 10^3/mm^3$，占 0.7%；淋巴细胞数量 $2.5 \times 10^3/mm^3$，占 21%（10% ～ 28%）；大单核细胞数量 $0.65 \times 10^3/mm^3$，占 5.2%（3% ～ 9%）

（20）血液pH：7.36（7.31 ～ 7.42）

（21）血液黏稠度：4.6（3.8 ～ 5.5）

（22）全血相对密度：1.059

（23）呼吸频率：18 次/分钟（11 ～ 37 次/分钟）

（24）潮气量：320 mL（251 ～ 432 mL）

（25）每分通气量：5.21 L/min（3.3 ～ 7.4 L/min）

（26）尿液pH：6.1

（27）尿液相对密度：1.020 ～ 1.050

（28）排尿量：65 ～ 400 mL/d

（29）体温：38.5℃（37.5℃ ～ 39.7℃）

三、猫

（1）血容量：占体重的 6.2%

（2）心率：116 次/分钟（110 ～ 140 次/分钟）

（3）心排血量：0.33 L/min 或 0.11 L/（min·kg 体重）

（4）血压：收缩压（不麻醉）15.729 kPa（11.730 ～ 18.929 kPa），舒张压 9.331 kPa（7.464 ～ 11.331 kPa）

（5）循环时间：股静脉→颈动脉 6.0 s（3.0 ～ 9.5 s）

（6）红细胞：$8.0 \times 10^6/mm^3$（$6.5 \times 10^6 ～ 9.5 \times 10^6/mm^3$）

（7）血红蛋白：11.2 g/100 mL 血液（7.0 ～ 15.5 g/100 mL 血液）

（8）血细胞比容：40 mL/100 mL 血液（28 ～ 52 mL/100 mL 血液）

（9）单个红细胞体积：57 μm^3（51 ～ 63 μm^3）

（10）单个红细胞大小：6.0 μm（5.0 ～ 7.0 μm）

（11）红细胞脆性最大抵抗：0.5%的氯化钠溶液

（12）红细胞脆性最小抵抗：0.52%的氯化钠溶液

（13）红细胞沉降速度：1 h，4 mm；2 h，10 mm

（14）血小板：$250 \times 10^3/mm^3$（$100 \times 10^3 ～ 500 \times 10^3/mm^3$）

（15）凝血时间：7 ～ 20 s

（16）白细胞：$16.0 \times 10^3/mm^3$（$9.0 \times 10^3 ～ 24.0 \times 10^3/mm^3$）

（17）白细胞分类：嗜中性白细胞数量 $9.5 \times 10^3/mm^3$（$5.5 \times 10^3 ～ 16.5 \times 10^3/mm^3$），占 59.5%（44% ～ 82%）；嗜酸性粒细胞数量 $0.85 \times 10^3/mm^3$（$0.2 \times 10^3 ～ 2.5 \times 10^3/mm^3$），占 5.4%（2% ～ 11%）；嗜碱性粒细胞数量 $0.02 \times 10^3/mm^3$（$0 ～ 0.1 \times 10^3/mm^3$），占 0.1%（0 ～ 0.5%）；淋巴细胞数量 $5.0 \times 10^3/mm^3$（$2 \times 10^3 ～ 9 \times 10^3/mm^3$），占 31%（15% ～ 44%）；大单核细胞数量 $0.65 \times 10^3/mm^3$（$0.05 \times 10^3 ～ 1.4 \times 10^3/mm^3$），占 4%（0.5% ～ 7.0%）

（18）血液pH：7.35（7.24 ～ 7.40）

（19）血液黏稠度：4.5（4.0 ～ 5.0）

（20）全血相对密度：1.054

（21）呼吸频率：26 次/分钟（20 ～ 30 次/分钟）

（22）潮气量：12.4 mL

（23）每分通气量：0.322 m³/min

（24）尿液 pH：7.5

（25）尿液相对密度：1.020 ～ 1.040

（26）排尿量：20 ～ 30 mL/kg 体重

（27）体温（直肠）：38.7℃（38.0℃ ～ 39.5℃）

四、大白鼠

（1）血容量：占体重的 7.4%

（2）心率：328 次/分钟（216 ～ 600 次/分钟）

（3）心排血量：0.047 L/min

（4）血压：收缩压 17.195 kPa（11.730 ～ 24.527 kPa），舒张压 12.130 kPa（7.731 ～ 19.329 kPa）

（5）红细胞：$8.9 \times 10^6/mm^3$（$7.2 \times 10^6 ～ 9.6 \times 10^6/mm^3$）

（6）血红蛋白：14.8 g/100 mL 血液（12 ～ 17.5 g/100 mL 血液）

（7）血细胞比容：46 mL/100 mL 血液（39 ～ 53 mL/100 mL 血液）

（8）单个红细胞体积：$55\,\mu m^3$（$52 ～ 58\,\mu m^3$）

（9）单个红细胞大小：$7.0\,\mu m$（$6.0 ～ 7.5\,\mu m$）

（10）红细胞沉降速度：1 h，3 mm；2 h，4 ～ 5 mm；24 h，10 mm

（11）红细胞相对密度：1.090

（12）血小板：$100 \times 10^3 ～ 300 \times 10^3/mm^3$

（13）白细胞：$14 \times 10^3/mm^3$（$5 \times 10^3 ～ 25 \times 10^3/mm^3$）

（14）白细胞分类：嗜中性白细胞数量 $3.1 \times 10^3/mm^3$（$1.1 \times 10^3 ～ 6.0 \times 10^3/mm^3$），占 22%（9% ～ 34%）；嗜酸性粒细胞数量 $0.3 \times 10^3/mm^3$（$0 ～ 0.7 \times 10^3/mm^3$），占 2.2%（0 ～ 6%）；嗜碱性粒细胞数量 $0.1 \times 10^3/mm^3$（$0 ～ 0.2 \times 10^3/mm^3$），占 0.5%（0 ～ 1.5%）；淋巴细

胞数量 $10.2 \times 10^{3}/mm^{3}$（$7.0 \times 10^{3} \sim 16 \times 10^{3}/mm^{3}$），占 73%（65% ～ 84%）；大单核细胞数量 $0.3 \times 10^{3}/mm^{3}$（$0 \sim 0.65 \times 10^{3}/mm^{3}$），占 2.3%（0 ～ 5%）

（15）血液 pH：7.35（7.26 ～ 7.44）

（16）血浆相对密度：1.029 ～ 1.034

（17）呼吸频率：85.5 次/分钟（66 ～ 114 次/分钟）

（18）潮气量：0.86 mL（0.60 ～ 1.25 mL）

（19）每分通气量：0.073 L/min（0.05 ～ 0.101 L/min）

（20）排尿量：10 ～ 15 mL/d（50 g 大白鼠）

（21）体温（直肠）：39℃（38.5℃ ～ 39.5℃）

五、小白鼠

（1）血容量：占体重的 8.3%

（2）心率：600 次/分钟（328 ～ 780 次/分钟）

（3）血压：收缩压 15.063 kPa（12.663 ～ 16.663 kPa），舒张压 10.797 kPa（8.931 ～ 11.997 kPa）

（4）红细胞：$9.3 \times 10^{6}/mm^{3}$（$7.7 \times 10^{6} \sim 12.5 \times 10^{6}/mm^{3}$）

（5）血红蛋白：14.8 g/100 mL 血液（10 ～ 19 g/100 mL 血液）

（6）血细胞比容：41.5 mL/100 mL 血液

（7）单个红细胞体积：49 μm^{3}（48 ～ 51 μm^{3}）

（8）单个红细胞大小：6.0 μm

（9）红细胞相对密度：1.090

（10）血小板：$157 \times 10^{3} \sim 260 \times 10^{3}/mm^{3}$

（11）凝血时间：24 ～ 40 s

（12）白细胞：$8.0 \times 10^{3}/mm^{3}$（$4.0 \times 10^{3} \sim 12.0 \times 10^{3}/mm^{3}$）

（13）白细胞分类：嗜中性白细胞数量 $2.0 \times 10^{3}/mm^{3}$（$0.7 \times 10^{3} \sim 4.0 \times 10^{3}/mm^{3}$），占 25.5%（12% ～ 44%）；嗜酸性粒细胞数量 $0.15 \times 10^{3}/mm^{3}$（$0 \sim 0.5 \times 10^{3}/mm^{3}$），占 2%（0 ～ 5%）；嗜碱性粒细胞

数量 $0.05 \times 10^3/mm^3$（$0 \sim 0.1 \times 10^3/mm^3$），占 0.5%（0 ~ 1%）；淋巴细胞数量 $5.5 \times 10^3/mm^3$（$3 \times 10^3 \sim 8.5 \times 10^3/mm^3$），占 68%（54% ~ 85%）；大单核细胞数量 $0.3 \times 10^3/mm^3$（$0 \sim 1.3 \times 10^3/mm^3$），占 4%（0 ~ 15%）

（14）呼吸频率：163 次/分钟（84 ~ 230 次/分钟）

（15）潮气量：0.15 mL（0.09 ~ 0.23 mL）

（16）每分通气量：0.024 L/min（0.011 ~ 0.036 L/min）

（17）排尿量：1 ~ 3 mL/d

（18）体温（直肠）：38℃（37℃ ~ 39℃）

六、豚鼠

（1）血容量：占体重的 6.4%

（2）心率：280 次/分钟（260 ~ 400 次/分钟）

（3）血压：收缩压 10.264 kPa（3.732 ~ 18.200 kPa），舒张压 6.265 kPa（2.132 ~ 11.997 kPa）

（4）红细胞：$5.6 \times 10^6/mm^3$（$4.5 \times 10^6 \sim 7.0 \times 10^6/mm^3$）

（5）血红蛋白：14.4 g/100 mL 血液（11 ~ 16.5 g/100 mL 血液）

（6）血细胞比容：42 mL/100 mL 血液（37 ~ 47 mL/100 mL 血液）

（7）单个红细胞体积：77 μm³（71 ~ 83 μm³）

（8）单个红细胞大小：7.4 μm（7.0 ~ 7.5 μm）

（9）红细胞脆性最大抵抗：0.31%的氯化钠溶液

（10）红细胞脆性最小抵抗：0.42%的氯化钠溶液

（11）红细胞沉降速度：1 h，1.5 mm；2 h，3.0 mm；24 h，20 mm

（12）红细胞相对密度：1.090

（13）血小板：$116 \times 10^3/mm^3$

（14）白细胞：$10.0 \times 10^3/mm^3$

（15）白细胞分类：嗜中性白细胞数量 $4.2 \times 10^3/mm^3$（$2.0 \times 10^3 \sim 7.0 \times 10^3/mm^3$），占 42%（22% ~ 50%）；嗜酸性粒细胞数量

（37% ～ 64%）；大单核细胞 $0.43 \times 10^3/mm^3$（0.25×10^3 ～ $2.0 \times 10^3/mm^3$）占 4.3%（3% ～ 13%）

（16）血液pH：7.35（7.17 ～ 7.55）

（17）全血相对密度：1.060

（18）呼吸频率：90 次/分钟（69 ～ 104 次/分钟）

（19）潮气量：1.8 mL（1.0 ～ 3.9 mL）

（20）每分通气量：0.16 L/min（0.10 ～ 0.38 L/min）

（21）排尿量：15 ～ 75 mL/d

（22）体温（直肠）：38.6℃（37.8℃ ～ 39.5℃）

七、蟾蜍和牛蛙

（1）血容量：占体重的5%

（2）心率：36 ～ 70 次/分钟

（3）血压：3.999 ～ 7.998 kPa（颈动脉弓）

（4）红细胞：$4.87 \times 10^6/mm^3$（4×10^6 ～ $6 \times 10^6/mm^3$）

（5）血红蛋白：8 g/100 mL 血液

（6）红细胞脆性：0.13%的氯化钠溶液

（7）红细胞相对密度：1.090

（8）血小板：3×10^3 ～ $5 \times 10^3/mm^3$

（9）凝血时间：5 min

（10）白细胞：$2.4 \times 10^3/mm^3$

（11）血液相对密度：1.040

（12）血浆相对密度：1.029 ～ 1.034

参考文献

［1］沈岳良，陈莹莹.现代生理学实验教程［M］.第三版.北京：科学出版社，2017.

［2］解景田，赵静.生理学实验［M］.第四版.北京：高等教育出版社，2015.

［3］吴垠，桂远明.水产动物生理机能学实验［M］.北京：中国农业出版社，2015.

［4］林浩然，刘晓春.鱼类生理学实验技术与方法［M］.广州：广东高等教育出版社，2007.

［5］孙久荣，黄玉芝.生理学实验［M］.北京：北京大学出版社，2005.

［6］温海深，李立德，张雅萍，等.人体与动物生理学实验课程教学体系改革的初步研究［J］.中国海洋大学高教研究，2005（4）：25-27.

［7］温海深，张沛东，张雅萍.现代动物生理学实验技术［M］.青岛：中国海洋大学出版社，2009.

［8］蒋信伟，周洁，孙红，张建福.电极位置和距离对实验蛙坐骨神经干动作电位的影响［J］.徐州医学院学报，2006，26（5）：423-425.

［9］何建平，乔卉.动物生理学实验［M］.北京：科学出版社，2017.

［10］王冰梅，张松江，杜联.生理学实验指导［M］.北京：清华大学出版社，2018.